“十四五”普通高等教育本科部委级规划教材

普通高等教育“十一五”国家级规划教材（本科）

室内设计基础（第3版）

SHINEI SHEJI
JICHU

李瑞君◎编著

中国纺织出版社有限公司

图书在版编目（ＣＩＰ）数据

室内设计基础 ／ 李瑞君编著. —— 3版. —— 北京：
中国纺织出版社有限公司，2023.1

"十四五"普通高等教育本科部委级规划教材

ISBN 978-7-5180-2814-6

Ⅰ．①室… Ⅱ．①李… Ⅲ．①室内装饰设计—高等学
校—教材 Ⅳ．①TU238.2

中国版本图书馆CIP数据核字（2022）第117088号

责任编辑：余莉花 责任校对：王花妮 责任印制：王艳丽

中国纺织出版社有限公司出版发行
地址：北京市朝阳区百子湾东里 A407 号楼 邮政编码：100124
销售电话：010 — 67004422 传真：010 — 87155801
http://www.c-textilep.com
中国纺织出版社天猫旗舰店
官方微博 http://weibo.com/2119887771
天津千鹤文化传播有限公司印刷 各地新华书店经销
2004 年 11 月第 1 版 2010 年 6 月第 2 版
2023 年 1 月第 3 版第 1 次印刷
开本：787 × 1092 1/16 印张：16.5
字数：250 千字 定价：79.00 元

在20世纪20年代，一批勇于探索的设计大师以富于创新精神的实践和探索开创了现代室内设计的先河。同时，现代室内设计教育也在全世界范围内得到发展。室内设计作为一个独立的学科和专业，在中国高校的专业设置中已有70多年历史，在其发展历程中，专业名称有过数次变更。1957年，中央工艺美术学院（现清华大学美术学院）参照国外高等美术院校专业设置的惯例，建立了室内装饰系，此后又数次更名。1963年更名为"建筑美术系"，1964年更名为"建筑装饰美术系"，1975年改名为"工业美术系"。室内设计成为工业设计系的一个专业方向，被纳入工业设计的范畴。这也反映了我们对室内装饰的认识，由传统的手工艺向现代工业化设计的转变。1984年，又将其改名为"室内设计"，并从工业设计系中独立出来，恢复了室内设计原有的专业地位。1988年，随着室内设计工作范围的不断扩大和设计实践的日益深入，为了顺应世界范围内对环境问题普遍关注的社会潮流，室内设计的名称又被扩大为"环境艺术设计"，并正式列入了国家教委的专业目录。1998年，中华人民共和国教育部对高等学校学科专业目录又一次进行了调整，环境艺术设计成为艺术设计专业学科下属的一个专业方向。2011年，教育部再次对艺术设计学科进行调整，设计艺术学改为设计学，设计学与美术学等学科并列成为艺术学门类下的一级学科，环境艺术设计正式更名为环境设计，成为一门独立的二级学科。室内设计专业在名称上发生的一系列变化，一方面说明我们对室内设计概念的理解随着室内设计教育和设计实践的发展而不断深化，同时也说明室内设计这个概念仍带有一些不确定性和模糊性；另一方面，无论学科的名称怎样变化，对于室内设计来讲，其工作目标和内容没有变化，只是设计方法和程序更为细致和深入。

20世纪80年代以来，改革开放为中国带来前所未有的变化，物质生活条件得到极大改变。室内设计作为改善人们生活环境的学科，与普通人的关系越来越密切，得到了空前的发展。尤其近三十年的发展速度令人瞠目，无论室内设计实践，还是室内设计教育，在规模和水平两个方面均取得了长足的进步和发展，缩小了与发达国家之间的差距。

在从事室内设计教学多年的工作中，一是根据专业的发展和教学的需要，不断补充和调整教学内容；二是在教学过程中与学生进行深度沟通，了解他们在室内设计这门课程中到底需要哪些知识。经过多年的教学实践，发现《室内设计基础》作为一本室内设计专业的入门教材，确实存在一些问题和不足，例如，有些内容对于初学者来说过于晦涩和深奥，应该是到高年级甚至研究生阶段才能理解的知识。同时还发现学生缺乏对室内设计风格与样式（室内设计历史）的了解，在设计中无从判断和选择。造成这种状况除了教学本身的原因外，还有一定的历史原因，如课程体系的构建、专业的建设等。

由于教学的需要和知识的更新，有必要对《室内设计基础》进行深度的修订，本次修订已经是第3版了。经过两次比较大的系统性修订后，与第1版相比较，无论是在知识结构框架的构建上，还是在具体的内容上，均做了比较大的改变，展现出来的基本上是一本全新的教材了。新一版中对原有章节进行了调整、修改，补充了一些原来没有涉及的内容，并对书中的插图做了大量的更换，以期能带给读者一个全新的体验。

李瑞君

2022年9月

环境艺术设计在我国只有几十年的发展历程。时间虽短，但发展迅速，很快就形成了一个相对独立的专业体系，目前在全国综合性大学、农林大学、理工大学、艺术类大学的相关院系大都开设了环境艺术设计专业。

从广义上讲，环境艺术设计如同一把大伞，涵盖了当下几乎所有的艺术设计专业，是一个艺术设计的综合系统。从狭义上讲，环境艺术设计的专业内容是以建筑的内外空间环境来界定的，其中以室内空间、界面、家具、陈设以及光色等诸要素进行的设计，称为内部环境艺术设计；以室外空间、街道、广场、建筑、环境设计、雕塑、绿化等诸要素进行的设计，称为外部环境艺术设计。前者冠以室内设计的专业名称，后者冠以景观设计的专业名称，成为当代环境艺术设计发展最为迅速的两翼。但随着行业专业化程度不断加深和专业分工的细化，室内设计又逐渐成为一个归属于环境艺术设计或建筑学领域的相对独立的专业方向。

从根本上讲，室内设计仍是建筑设计的一个组成部分，是建筑设计的延续与深化。广义地讲，建筑设计和室内设计都属于建筑学的范畴，它们之间不可能截然分开。也可以这样认为，建筑设计和室内设计是一个完整的建筑工程设计中的阶段性分工，一个完整的建筑设计必定包含着建筑的主体结构设计和室内设计两个部分。建筑设计主要把握建筑的总体构思、创造建筑的外部形象和进行合理的空间规划，而室内设计主要是对特定的内部空间（包括车、船、列车、飞机等），在空间、功能、形象等方面进行深化和创造。室内设计的工作目标、工作范围与建筑学、艺术学、艺术设计学和环境科学等学科有着千丝万缕的联系。

中国当下的室内设计教育处于一个极为复杂和特殊的境地。一方面，愈演愈烈的城市化进程和大规模的房地产开发为室内设计行业和教育的发展提供了前所未有的机遇；另一方面，过分关注和迎合市场的需求也给室内设计的专业教育带来种种问题。出于各种不尽相同的原因，一些院校在教学中"重"实践和市场，"轻"理论和基础。室内设计方面的教材虽然不少，但大多内容雷同，有些甚至缺乏必要的针对性、系统性和可操作性，而有关室内设计专业基础教学方面的教材则基本处于缺失的状态。基于这样的考虑，本书结合笔者在多年教学、设计实践中的经验和体会，力图从理论和实践两个方面对室内设计的基础知识系统地架构、探讨和表述，具有一定基础理论的学习价值以及设计实践的操作和指导意义，希望能够为学习室内设计的学生、教师和设计师提供一些有益的帮助。

李瑞君

2010年4月于北京

艺术设计是一门新兴的交叉性、综合性学科，其专业方向涵盖了人们生活中基本要素和文化需求的各个层面。随着当代经济全球化和知识经济的快速发展，科学技术与文化艺术的相互交融，社会主流文化、大众文化、时尚文化、网络文化的多元并存，经济的文化力和文化的产业化的有序进展，构成了极具潜力的文化、艺术人才需求空间，为高校艺术设计教育和学科的发展带来了空前的机遇。

在艺术设计的教育教学中，以理论研究为先导带动艺术设计的创新已成为不争的事实。早在20世纪初期，德国包豪斯设计学院就为现代艺术设计教育理论研究和学科建设树立了典范。时至今日，那些凝聚着包豪斯办学思想和教育理念的教科书，如康定斯基的《点、线、面》和伊顿的《色彩构成》等，依然深刻地影响着国际艺术设计的教育教学，指导着一代又一代设计师的创作思考和设计实践。

北京服装学院艺术设计学院建立于1988年。经过院系领导和全体师生多年来的共同努力，在教育理念、学科建设、师资队伍、教学科研等方面都取得了可喜的成绩，逐步形成了自己的学科优势和教学特色。为继续加强我院组织一批年富力强的学术骨干撰写出了一套高等艺术设计系列教材。该系列教材内容包括艺术设计学科的多个相关专业方向的教学课程，既有专业基础平台课程和专业设计主干课程，又有对新课程和新专业领域的前瞻性理论研究。在教材的整体把握上，既注重系统性和学术性，又兼顾普及性和实用性。

该系列教材的出版，对规范艺术设计专业教学体系、调整艺术设计课程结构、改进艺术设计教学内容和方法、完善当代艺术设计专业教学体系，提升艺术设计教育教学水平，将会起到积极的作用。我相信，这套教材不仅可以为高校艺术教育教学提供理论和实践的参照，也可以为广大艺术设计领域的从业者和专业爱好者的知识更新和设计创作提供有益参考。

祝贺高等艺术设计专业系列教材的出版，并对中国纺织出版社的鼎力支持，表示真诚的谢意。

刘元凤

北京服装学院院长、教授

2001年3月11日

目录

第一章

概述

众所周知，室内设计是从建筑设计领域中分离出来的一门学科，它的工作目标、工作范围与建筑学、艺术学、艺术设计学和环境科学等学科有着千丝万缕的联系，这使其在理论和实践上带有了交叉学科和边缘学科的一些典型特征。

室内设计是人类为了创造艺术化的生存环境空间的活动，始终与使用联系在一起，并与工程技术密切相关，是功能、艺术与技术的统一体。因此，室内设计与建筑学（指经典建筑学）有很多共同点，是一门具有实用功能与审美功能结合统一、在技术和艺术方面紧密结合起来的学问。在一定意义上，室内设计也可以看作是建筑设计的一个组成部分。

第一节

室内设计的概念

在我国古代，室内设计属于建筑营造的一个组成部分，主要包括内檐装修和陈设两方面的内容（图1-1）。装修是指在房屋工程上抹面、粉刷并安装门窗等设备，突出的是功能性。宋代《营造法式》中内檐装修所涉及的隔断、罩、天花、藻井等内容都属于室内界面装修的范畴。而陈设则主要包括家具及艺术品的摆放，更加侧重于艺术性。

在现代，室内设计曾被冠以"内部美术装饰"的称谓。现代汉语中，装饰一词具有动词和名词两种词性。作动词时指在身体或物体的表面加些附属的东西，使之美观。作为名词指装饰品。

在20世纪50～70年代，人们对于室内设计概念的认识包括建筑装饰与室内装饰。建筑装饰主要指在建筑物主体工程完成后，为满足建筑物的功能要求和造型艺术效果而对建筑物进行的施工处理。一般包括抹灰工程、门窗工程、玻璃工程、吊顶工程、隔断工程、饰面板（砖）工程、涂料工程、裱糊工程、刷浆工程和花饰工程等。这个过程具有保护主体结构，美化装饰和改善室内工作条件等作用，是建筑物不可缺少的组成部分，也是衡量建筑物质量标准的重要方面。而室内装饰主要是以依附于建筑内部的界面装饰和家具、艺术品的陈设来实现其自身的美学价值。20世纪70年代以后，西方的现代设计概念开始逐步被人们所接受。"设计"属于外来语，其英文"design"既可作名词也可作动词，《牛津词典》中对于"design"的解释可以归纳为："一切用以表现事物造型活动的计划与绘制。"从20世纪80年代开始，室内设计的专业名称开始被广泛地使用，设计理念也由传统的二维空间模式转变为现代的四维空间模式。

1981年，国际建筑师协会将建筑学定义为："建筑学是一门创造人类生活环境的艺术和科学。"这条定义也完全适合于室内设计，即室内设计是一门创造人类生活环境的艺术和科学。用系统论的观点来分析，室

图1-1　苏州拙政园玉壶冰

内设计是人为事物创造大系统中的一个子系统。室内设计的最终目的，就是为人类创造更合理、更符合人的物质和精神需求的生活空间和生活方式。

1957年，中央工艺美术学院（现清华大学美术学院）曾参照国外高等美术院校专业设置的惯例，建立了室内装饰系，这是该学科首次在国内使用的正式的名称。经过奚小彭、潘昌侯、罗无逸等老一辈美术家、设计师的努力，为这个专业的发展奠定了基础。1958年北京的"国庆工程"（中华人民共和国成立初期，北京兴建的十大建筑，包括人民大会堂、中国历史博物馆与中国革命博物馆、中国人民革命军事博物馆、民族文化宫、民族饭店、钓鱼台国宾馆、华侨大厦、北京火车站、全国农业展览馆和北京工人体育场）（图1-2、图1-3）拉开了新时代室内设计工作者参与国家重点项目设计和工程实践的序幕，这标志着中国的室内设计开始拥有了独立的专业领域和职业地位。

在漫长的室内设计历史发展进程中，虽然室内设计的称谓经历了数次变更，但其所涉及的主要内容和追求的目标却是基本一致

的。这个专业名称发生的一系列变化更能说明我们对室内设计概念的理解随着室内设计教育和设计实践的发展而不断地深化和拓展，同时也说明室内设计这个概念仍带有一些不确定性和模糊性。

一、室内设计与建筑设计的关系

随着建筑行业专业化程度不断加深和专业分工的细化，室内设计逐渐从建筑设计中分离出来，成为一个独立的专业。从根本上讲，室内设计仍是建筑设计的一个组成部分，因而人们普遍认为，室内设计是建筑设计的延续与深化。广义地讲，建筑设计和室内设计都属于建筑学的范畴，它们之间不可能截然分开。也可以这样认为，建筑设计和室内设计是一个完整的建筑工程设计中的阶段性分工，一个完整的建筑设计必定包含着建筑的主体结构和室内设计两个部分（图1-4）。建筑设计主要把握建筑的总体构思、创造建筑的外部形象和进行合理的空间规划，而室内设计主要是对特定的内部空间（有时也包括车、船、列车、飞机等内部空

图1-2　人民大会堂中央大厅

图1-3　人民大会堂万人大礼堂

图1-4　办公楼大堂

间）在空间、功能、形象等方面进行深化和创造。张绮曼教授曾经把室内设计的工作目标和范围概括为室内空间形象设计、室内物理环境设计、室内装饰装修设计和家具陈设艺术设计四个方面。这个理念代表了大多数业内人士对室内设计内涵和外延的理解，但这四个方面必然与建筑设计存在着交叉和重叠。

（1）在空间的规划和形象的设计方面，室内设计师首先应该尊重建筑师所确定的整体结构环境和创作主题与旨趣。在一个建筑工程项目中，起到决定和支配作用的往往是建筑师，室内设计师只能在给定的空间环境中（指建筑结构），根据具体的使用功能做进一步的设计与调整。

（2）在室内物理环境的设计方面，相当多的工作是由建筑师来完成并被纳入建筑设计范畴的，如水、暖、电、隔声、消防、空调等。从以往一些院校室内设计专业开设的课程来看，建筑物理课程基本上被排除在专业课程之外，学生们几乎不具备从事室内物理环境设计的基础知识。如此一来，真正能够体现室内设计职业特征的就只剩下室内装饰、装修和陈设艺术设计了。从这个角度讲，留给室内设计师施展才华的空间的确是小了一些。不过，即使是这点空间，也足以让室内设计师恣意驰骋，因为这方面往往是建筑师们不是十分熟悉的。而室内设计师和建筑师及相关专业的工程师相互配合，才能使环境达到最佳的整体效果。

那么，作为一个室内设计师，应该具备什么样的知识和技能才算是合格的。上面提到的四个方面，都是室内设计工作目标中不可或缺的组成部分，不具备这些方面的专业知识，是无法胜任这个职业的。同时也提醒我们，室内设计的概念，其边界具有一定的模糊性，不能按照传统的方式去理解它，在制定专业规划和课程设置计划时，应该将视野伸向更广阔的领域，增加一些建筑学专业中的有关课程是十分必要的。

二、"室内设计"概念的柔性边界

在室内设计这个概念出现以前，室内装饰的行为就存在数千年了。我们从远古时代人类居住的建筑遗址中，已经发现人们对栖居在其中的室内环境进行过"设计"的迹象，例如，在古埃及庙宇中出现的壁画和石头座椅，可以认为是最早的室内装饰——界面的修饰和家具的制作。但这还不能认为是严格意义上的室内设计，就"室内设计"这个词汇本身来说，包含两个具有完整意义的部分——室内与设计，这就涉及对"室内"和"设计"的认识。"室内"的概念似乎很简单，凡是建筑的内部空间，都可以认为是"室内"，在这一点上，一般都不会产生歧义。但是，现代建筑在实践上打破了人们的这种传统认识，强调了内部和外部空间的连续性和渗透性，室内与室外空间常常是相互交融的（图1-5）。

在中国传统建筑和民居中，室内与室外相融通的例子比比皆是，如图1-6所示，云南大理的一处民居庭院，谁能说出这样围合出来的空间是室内还是室外，这就令我们对"室内"概念的把握感到茫然。在我们的思维定式中，对"室内"的理解总存在着"围护体"的意象。

在西方国家的一些大型建筑项目中，建筑与建筑之间常采用玻璃采光顶相连接，以形成一个巨大的围合空间，人置身于街道上，实际上是置身于"室内"，这样的设计很难说是室内设计还是建筑设计（图1-7）。

美国建筑师查尔斯·摩尔（Charles Moore）设计的位于康涅狄格州纽黑文的自用住宅，在大房子中套小房子，小房子对于大房子来说是室内，而大房子对于小房子来说却又是室外，因此，"室内"的边界也出现了不确定性。

从上面的案例分析中我们可以看到，具有顶界面是室内空间的最大特点。对于一个有六个界面的房间来说，很容易区分室内空间和室外空间，但对于一个不具备六个界面的房间来说，往往可以表现出多种多样的内外空间关系（图1-8）。

图1-5　泰国苏梅岛喜来登酒店大堂

图1-6　云南大理一个小型宾馆的玻璃顶采光的内庭院

图1-7　澳大利亚悉尼奥罗拉大厦

图1-8　三亚安纳塔拉度假酒店

三、室内设计与建筑装饰的关系

目前，人们对"室内设计"概念的理解，存在着某些偏差，往往将室内设计与室内装饰、装修混为一谈。地震出版社于1992年出版的《建筑大辞典》中，对室内设计、建筑装饰和装修做了如下的诠释。

室内设计：原是建筑设计的一部分，现已从建筑设计中分化出来，旨在创造合理、舒适、优美的室内环境，满足使用和审美要求。主要内容为平面设计和空间组织，围护结构内饰面的处理，自然光和照明的运用以及室内家具、灯具、陈设的造型和布置，植物、摆设和用具的配置。

建筑装饰和装修：是建筑主体工程（完工）以后，为了满足使用功能的需求所进行的装设和修饰（如门、窗、栏杆、楼梯、隔断等配件的装设，墙面、柱梁、顶棚、地面、楼层等表面的修饰）。装修和装饰是指这两项工作完成的实体。

只依据这两个词条，我们很难分清室内设计与建筑装饰和装修之间究竟有什么本质的不同，甚至可以将其理解为同一事物。但建筑装饰（包括室内装饰）与室内设计是有着本质的不同的。所谓"设计"是对某种创造行为的预先计划，这种计划需要用标准的语言预先加以描述，并且依此生产出的产品可以被成批复制。其中，关键的环节是计划者和实施者可以分离，实施者在没有计划者参与的情况下，仍然可以依据方案独立地进行操作。当然，建筑装饰本身也需要进行预先设计，但其出发点与室内设计完全不同。室内设计的基本出发点是对人在建筑空间环境中的行为的规范，是对人的生理、心理、情感和生活方式等方面的愿望较为全面的筹划，它使室内设计从建筑装饰、室内装修的陈旧观念提升到理性、科学的层面。这并不是轻视或否认装饰的价值，只在于说明室内设计与建筑装饰的区别，它充分体现了室内设计鲜明的时代特征。由"装饰"向"设计"转变，不仅是名称的变化，更体现着实践领域中时代的变迁，它体现了人们的认识对历史的超越。尽管室内设计的概念存在着不确定性，但我们还是能够从总体上把握它的基本性质和特征，人们对这一概念的认识已在许多方面趋于一致。

综上所述，我们可以对室内设计的概念及其内涵做如下的概括。

（1）室内设计是在给定的建筑内部空间环境中展开的，是对人在建筑中的行为进行的计划与规范。

（2）良好的室内设计是物质与精神、科学与艺术、理性与情感完美结合的结果。

（3）室内设计职业的独立性，更多地体现在室内装饰与陈设品的设计方面。

（4）室内设计概念的内涵是动态的、发展的，我们不能用静止的、僵化的思想去理解，而应当随着实践的发展不断对其进行充实与调整。

第二节

室内设计与建筑装饰

室内设计与建筑装饰都是对建筑设计的延续与深化，都是建筑设计中重要的组成部分，但一个是针对内部空间展开的，一个是在内、外同时展开的。室内设计具有更多的独立性，而建筑装饰则主要表现为造型的手段，它在建筑设计的逻辑体系中充当了更多"词汇"的角色。

一、装饰的概念

装饰在汉语中就字面意思是指"装饰""修饰"，它既是一个动词，说明装饰是一种行为，也可以作名词，代表装饰行为的结果。作为一种行为，如果它的对象是针对具体的物质材料，那么它可以使原来物质的形貌，按照行为者的意愿发生改变，起到丰富、美化的效果。当然，这种改变是有限度的，是在不改变物体性质的情况下对物体进行改变。

在英语中，"Decorate"一词尤其是指为某种特殊或专门的场合提供装饰物。作为动词，它的含义是指"增加某些东西以产生吸引力"。与汉语不同的是，英语中具有装饰之意的词汇大约有七种：adorn, decorate, embellish, deck, bedeck, ornament, garnish 等。这些词汇均含有"装饰""修饰""打扮""布置"之意，但在用于人和事物时是有区别的。"adorn"只用于人对自身的修饰、打扮，而"decorate，embellish，deck，ornament"等多用于事物，且含有装扮、掩饰之意。汉语的"装饰"一词在某些特殊的情况下使用，也含有"装假、掩饰"之意。事实上，装饰也的确可以起到这样的作用，例如，我们在使用装饰时，通常可以使被装饰事物的瑕疵得到掩盖和修饰。因此，装饰这一概念无论在汉语还是英语中都具有双重"性格"。

西方的古典建筑体现了人类理性的、严谨的、朴实无华的风范，正是这些严谨、规范的装饰，才使古典建筑拥有了辉煌的艺术成就。例如，西方古典建筑中的五种柱式（图1-9），如果抛开线脚、檐板、柱头和柱身上的装饰，成为光秃秃的东西，古典建筑中的美感就会荡然无存。

装饰的概念并非仅指构造之外的修饰，有时也会深入构造之中，甚至有些建筑的构造本身就构成了优美的装饰，这样的例子在建筑发展的历史中比比皆是。

二、装饰的功能

按照人们通常的理解，建筑中的装饰大多是非功能性的，它的目标是创造审美价值。如何看待装饰的作用和价值，完全取决于我们对装饰所采取的态度，取决于对这一概念的理解。如果我们仅仅把装饰看成建筑的"附庸"，或把装饰当成设计的目标——为装饰而装饰，那就不可能取得好的装饰效果。事实上，装饰对建筑而言，从来就不是可有可无的。在历史的进程中，我们始终没有摆脱装饰对建筑的影响，它是无所不在的，只要我们把建筑同美的追求联系在一起，装饰的因素就会在潜移默化中发生作用。装饰既有结构上的功能，也有信息传递和审美方面的功能。我们对历史上任何一种建筑类型的解读，都不可能将装饰的因素排除在外，因为装饰是一个整体，装饰的表现形式有简单和复杂之分，有具象和抽象之别，装饰的美感来自式样、材质、色彩和制

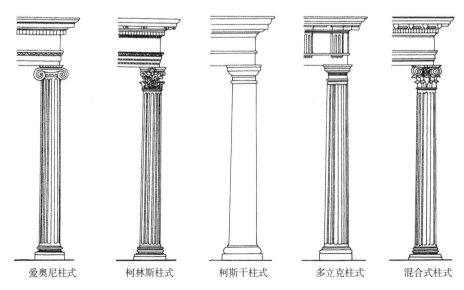

| 爱奥尼柱式 | 柯林斯柱式 | 柯斯干柱式 | 多立克柱式 | 混合式柱式 |

图1-9 古罗马柱式

作工艺等诸多方面。

装饰总是和功能联系在一起的，在某种意义上说，不存在没有功能的装饰，也不存在没有装饰的功能。如现代建筑中常采用遮阳构件（图1-10、图1-11），既是一种功能，也是一种装饰。西方古典建筑中的柱式，既提供了构造上的功能，也是一种标准的装饰形式。

装饰作为一种造型手段具有双重性，适宜的装饰可以产生美感，使建筑的优点增长，而过分的、不恰当的装饰则会产生混乱，使装饰的意义消失，甚至令建筑的缺点放大。因此，在使用装饰时，必须研究装饰的含义与建筑主题的关系以及装饰与功能的关系。

装饰的功能可以概括为以下几个方面。

（一）审美功能

自从人类的审美意识产生之后，人们使用装饰的目的首先就是创造审美价值。装饰能够为人们提供视觉上的美感，同时赋予心灵的愉悦，这本身就带有一定精神上的功能（图1-12）。

图1-10　普林斯顿大学路易斯·托马斯图书馆外观

图1-11　普林斯顿大学路易斯·托马斯图书馆的遮阳格栅

图1-12　佛罗伦萨劳伦廷图书馆门厅和楼梯

（二）调节功能

装饰在建筑的构造和形式中，可以起到调整比例、协调局部与整体关系的作用。无论在古典建筑还是现代建筑的室内环境中，都充分发挥了装饰的这种功能，利用线脚、装饰性的构件调整和划分建筑的比例关系，并通过这些装饰，对材料和形式的转换起到过渡的作用（图1-13）。

（三）突出与强调功能

装饰由于自身的特点，具有很强的表现性，可以使建筑的主题或某种文化的含义凸现出来，形成视觉上的显著点，而这些显著点往往就构成了建筑室内环境中的"点睛"之笔，给人们产生深刻的感染力（图1-14）。

（四）符号与标志的功能

建筑中的装饰通常是历史和文化信息的主要承载物。人们之所以把建筑称为用石头和钢铁铸就的历史，就在于透过那些建筑和装饰，人们可以阅读到一个时代的全部信息——人们的信仰、道德、技术和情感。用符号学的理论来阐释装饰的功能是恰当的，因为建筑中的许多装饰可以被理解为信息代码，它们的确包含

着大量的历史信息，人与建筑之间的交流就是通过解读这些代码而获得对建筑含义的把握。体现装饰符号功能最典型的例子，就是一些纪念性的建筑物，虽然它们在本质上不是一种独立的装饰艺术，但在表现形式上却是装饰性的，并且它的功能是纯粹的精神性。例如，古埃及墓地圣区中的方尖碑、古罗马人的图拉真记功柱、凯旋门、威尼斯圣马可广场上的钟楼（图1-15）、印度文化中的牵堵坡、中国的故宫天安门，以及在现代城市环境中，人们为纪念某些历史事件而建造的纪念碑等。这些构筑物和建筑（图1-16）往往成为一座城市、一个民族、一个历史事件的标志，它使那些历史的文化信息得到表达和保存，使记忆成为可见的形式，为人们提供了一个追忆历史、举行仪式的场所。古罗马人的图拉真记功柱上的图案连同这个记功柱

图1-13　佛罗伦萨圣洛伦佐教堂

图1-14　洛杉矶艾皮斯考帕教堂

图1-15　威尼斯圣马可广场上的钟楼

图1-16　北京大兴国际机场内景

本身，就是一种装饰性的符号，是彰显他们历史功绩的象征和标志。

三、装饰的手段

装饰本身就是一种造型手段，但是这种手段又有着丰富的实现形式，我们正是从这个意义上来阐述"手段"的概念。提到装饰的历史就不能不涉及实现这些装饰的手段，它们在内容与形式、材料与制作工艺等方面为丰富建筑艺术的表现力发挥了重要的作用。

（一）以图案、纹饰等二维形式构成的装饰

图案、纹饰类装饰多运用在古典建筑中，尤其是在神庙、教堂、陵墓（图1-17）和纪念性建筑中使用较为普遍。究其原因，或许由于艺术的语言在文化的发展史中扮演了独特的角色，人们认为使用视觉语言保存历史和观念比使用文字语言具有更直观、更通俗、更有感染力的效果。这些装饰的主题大多数与宗教有关，教堂中的装饰和壁画，从本质上说不是为了满足教徒们的审美愿望

而创作的，而是对宗教教义的图示。这类装饰手段的特征可以归纳为以下几个方面。

（1）用浮雕和绘画的手段来塑造装饰。

（2）在希腊罗马建筑的文脉中，古典装饰的表现对象多数是具象的形式。

（3）适形造型具有较强的程式化、风格化的倾向。

（4）与建筑的构造不直接发生联系的装

图1-17　森努弗陵墓中的壁画

饰是对构造外部的装饰。

（二）利用构件、线脚、门、窗等形成的装饰

构件、门窗类装饰常常成为某种建筑类型或风格的核心因素，由于它们与建筑的构造直接发生联系，因而，是建筑形式中的基本成分（图1-18）。

在现代建筑中，人们通常以简化、抽象或夸张的手法把古典建筑的语言运用在这些构件中，以此来隐喻它们的历史性，或是以纯粹抽象的几何手法，采用新的材料和工艺来增强建筑的表现力，许多富有创造性的结构形式本身就构成了优美的装饰（图1-19、图1-20）。

这类装饰的特点可以概括为以下几个方面：

1. 功能与形式的统一

装饰构件常常是结构中的组成部分，与结构上的功能紧密联系在一起。

2. 局部与整体的统一

在局部与整体之间存在着确定的比例关系，局部装饰的风格和内容也与整体相统一。

3. 强调装饰的秩序感

通过对单个装饰构件的重复、排列与组合形成某种秩序，使装饰的含义凸显出来。

（三）利用不同材料的对比形成装饰效果

建筑装饰的美感来源有许多不同的、丰富的因素，其中利用材质的对比而形成的艺术效果是人们从古至今利用的表现形式。粗面石工在文艺复兴时期已渐成时尚，与米开朗基罗同时代的建筑师赛利奥曾专门对粗石

图1-18　威尼斯总督府

图1-19　北京首都国际机场T3航站楼

图1-20　香港汇丰银行总部大厦

工的加工和排料形式做过认真的研究。

正是由于粗石工表面上的粗粝、厚重和质朴，才使其带有了人的劳动痕迹，而这一点恰好被拉斯金认为是艺术中最宝贵的东西——"人的情感的注入"和"生命的迹象"。在现代建筑中，无论是在室内还是在室外，随处可以感受到材质的对比所产生的艺术感染力（图1-21）。

图1-21　新加坡圣淘沙金沙酒店大堂的休息座椅

第三节

室内设计与环境艺术

根据一些专家、学者的解释，环境艺术的概念已经远远超越了室内设计的范畴，使其具有了更广阔的视野。在一定程度上可以这样理解，环境艺术的存在和形成的最终目的是为人类提供生存和生活的场所。基于上述的认识，环境艺术主要包括两大类：一是除建筑设计以外的人类聚居环境的设计，简称室外环境艺术设计（图1-22）；二是建筑单体内部的空间划分、界面设计以及陈设等的设计，简称室内环境艺术设计（图1-23）。尽管如此，我们在实践上仍然很难准确地把握环境艺术的真实含义，这个概念迫使我们从"环境"和"艺术"两个方面进行深入的思考。

图1-22　泰国苏梅岛喜来登酒店室外环境

图1-23　国家博物馆大厅

通常我们对艺术的理解可以划分为以下三个层面。

1. 纯艺术

纯艺术即所谓"有意味的形式""理念的感性显现""理性的正当秩序"等，它们都表现为创造美的活动，是一种社会意识形态，是审美关照的对象，纯粹的精神产品。

2. 实用艺术

实用艺术指与物质生产密切相关的艺术设计，它的本质是创造实用价值。

3. 泛指的技术或技艺

技术或技艺表现为人们做某事的高超手段，如领导艺术、谈话艺术、战争艺术、烹饪艺术等。在这个层次上，艺术几乎可以应用在任何领域，但这时的艺术已经脱离了非功利性的审美范畴。

在人们的意识中，"艺术"概念第一个层面的含义正在逐渐消退，第二、第三个层面的含义正在不断增长。许多人正是在这两个层面上来理解艺术的。而"环境艺术"尤其让广大民众产生这样的认识，给人以较深的泛艺术论的印象。

环境艺术设计专业的前身是室内设计。20世纪80年代以来，环境问题成了世界范围内人们普遍关注的问题。臭氧层的破坏、环境污染、土壤的沙漠化、资源短缺与人口膨胀，使保护环境成为人类的共识。在这种大背景下，室内设计作为人工环境建设的一个专业门类，就有理由从建筑的内部拓展到外部空间，把居住区的环境规划、环境设计纳入视野，从而提出了"环境艺术"的概念。"环境艺术"这个概念的核心在于试图把建筑、城市环境的设计上升到纯艺术的高度，提升到艺术的第一个层面，使它成为纯粹审美关照的对象，把人们对生活的认识与体验重新恢复到艺术原有的神圣境界。但是，相当多的人没有真正了解环境艺术的真实含义，甚至把它与室内设计画上了等号，或与城市规划、景观、园林设计混为一谈。因此，"环境艺术"这个概念在学科的分类上造成了混乱，使它在专业设置、培养目标和知识基础的建构方面处于两难的境地。人们忽视了"环境"概念的广阔性和丰富性，也混淆了设计与艺术的界限，而且这个概念与一些国家高等教育的学科分类并不一致。在许多国家的大学专业目录中并没有与此一致的名称，类似的概念有"Landscape Arts"，译为"景观艺术"或"地景艺术"，意为人造环境的艺术设计，主要是针对建筑的外部空间环境，包括居住区的道路、绿化、水体、休闲设施、雕塑、壁画、夜间的照明系统、公共标识系统等。也有人将其归在"Urban plan"（城市规划）的门类之下。与此有关的还有"Environment Science"（环境科学），它的研究对象是针对生态学——生态平衡、资源的供应、环境污染（水、空气、土壤等）的防治、人口的增长与控制、废弃物的处置等。目前，在许多国家的高等教育专业目录中没有"Environmental Arts"或"Surrounding Arts"这个概念，自然也就无法搞清它的内涵究竟是什么。我们国内的一些学者、理论家对这个概念的认识也不一致，可能考虑到"环境艺术"的概念带有更多的不确定性，多数人在其著作中使用"环境设计"的称谓，但它们到底指的是一个知识的门类还是一门学科或专业，很难说清楚。

尹定邦先生在《设计学概论》一书中，认为环境艺术设计的领域界定包括城市规划、建筑设计、室内设计、室外设计（景观设计）、公共艺术设计（这个领域在他提供的具体内容上与室外设计没有太大区别）等多个方面。这种学科的分类在更大范围内导致了混乱，在已经成熟的学科门类中，建筑学和城市规划早已是两个独立的系统，它们都有着各自深厚的历史和传统、完整的理论体系，把这两个学科与新兴的景观艺术拼凑在一起，带有较大的随意性，在实践上也行不通。

环境是一个宏观的概念，而"环境艺术"或"环境设计"却无法在宏观上加以理解。宏观的环境是环境科学的研究对象，只要我们认真审视一下环境的构成因素，就能看到环境艺术在认识上存在的混乱。

从上述关于"环境"的分析中，我们可以看出环境艺术或环境设计所提供的范围，都不能在环境科学的分类层次上加以理解。它们指的是中观层面上的环境——人工环境中的一部分，它的范围应该被限定在人的生活和交往的场所中，否则，它的专业设置和培养目标将会在实践中成为不切实际的空谈。尽管"环境艺术"或"环境设计"是适应时代的需要、具有时代特征的新学科，但却没有在理论上对它的内涵与外延做出深入、系统、科学的分析，因而，环境艺术设计专业的教学依然以室内设计为主体，学生们在建筑学、城市规划学和景观设计方面所获得的知识和设计实践十分有限。一个学科的设立必须在理论上做出适当的、准确的定位，必须与它的基础理论、学制、教学实践环节的容量相一致，同时还要考虑它与已有的学科之间的关系，否则就会造成学科系统间的混乱。如果把环境艺术设计作为一门学科而不是一个专业方向，那么它的内容至少应包括室内设计、景观设计两个方面，这两个专业方向共同支撑起环境艺术设计学科，与已有的建筑学、城市规划学并不发生冲突。

第四节

室内设计内容

建筑物的室内有"实体"和"虚体"之分，室内设计也分为"实体的设计"和"空间的设计"两大类别，室内环境中的实体和虚体互为依存，二者相辅相成，此消彼长，人们不可能感知无实体的空间，也不能感知无空间的实体。其中的"实体"是直接作用于感官的"积极形态"，其外形可见、可触摸，室内环境中的实体包括天花、地面、楼梯、墙面、梁柱等建筑构件，以及容纳、摆放的家具、陈设等，涉及形态、色彩、尺度、材质、虚实等方面的因素；"虚体"则指各实体所围合划分而成的可供使用的内部"空间"或"间隙"，"虚体"空间肉眼看不到，手也无法触摸，只能由"实体"的积极形态互相作用和暗示，通过大脑的思考、联想而感知才能生成，包括它们的形状、尺度、开合、组合原则等方面的问题。

室内设计主要包括四个方面的内容，即室内空间规划设计、室内装饰构件设计、室内家具与陈设设计、室内物理环境设计。

一、室内空间规划设计

室内空间规划设计是对建筑空间的细化设计，是对于建筑物提供的内部空间进行组织、调整、完善和再创造，进一步调整空间的尺度和比例，解决好空间的序列，以及空间的衔接、过渡、对比、统一等关系（图1-24）。虽然空间是实体的附属物，但对于建筑物而言却意义重大，空间是建筑的功效所在，是建筑的最终目的和结果，今天的室内设计观念已从过去单纯的对墙面、地面、天花的二维装饰，转到三维、四维的室内环境设计。由于室内设计创作始终会受建筑的制约，这就要求我们在设计时，要充分体会建筑的个性，理解原建筑的设计意图，然后进行总体的功能分析，对人流动向以及结构和设备等因素进行深入了解，最后才能决定是延续原有设计的逻辑关系，还是对建筑原有的基本条件进行改变。

二、室内装饰构件设计

建筑空间中的实体构件主要包括墙面、地面、天花、门窗、隔断以及楼梯、梁柱、护栏等内容。根据功能与形式原则，以及原有建筑空间的结构构造方式对它们进行具体设计，从空间的宏观角度来确定这些实体的形式，包括界面的形状、尺度、色彩、虚实、材质、肌理等因素（图1-25），用以满足私密性、审美、风格、文化等生理和心理方面的需求。此外，还包括各构件的技术构造以及与水、暖、电等设备管线的交接和协调等问题（图1-26）。

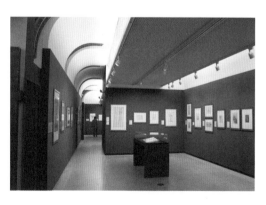

图1-24　奥赛博物馆的展览空间设计

图1-25　丹麦奥尔堡大学教学楼中庭

三、室内家具与陈设设计

室内家具与陈设的设计主要指室内家具、灯具、艺术品以及绿化等方面的设计处理。这些要素处于视觉中的显著位置，与人体直接接触，感受距离最近，对烘托室内环境气氛及风格起到举足轻重的作用（图1-27、图1-28）。

四、室内物理环境设计

室内物理环境应从生理上符合、适应人的各种要求，这涉及适宜的温度、湿度，良好的通风、适当的光照以及声音环境等，这些因素都具备才能使空间更适合工作、娱乐、休闲、生活与居住，是衡量室内环境质量的重要内容，也是现代室内环境中极为重

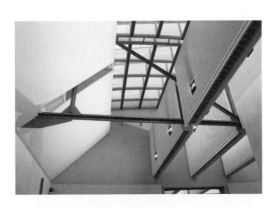

图1-26　巴黎奥赛博物馆照明细节

图1-27　深圳鸿隆明华轮酒店大堂

图1-28　澳门MGM宾馆的四季厅充分利用了材质的对比营造环境氛围

要的方面，并与当前科技发展同步。提高室内物理环境品质，可以增加室内人员的舒适度及健康保障，从生理和心理两方面满足人对室内环境的要求。在实际操作中，这些工作通常由相关的专业人员来配合解决，但作为室内设计师，对其应有一定程度的了解，虽然未必要求成为每个领域的专家，但至少应该懂得具体运用，以便工作中的协调配合与宏观调控。

第五节

室内设计的特点

在20世纪20年代，一批勇于探索的设计大师以富于创新精神的实践和探索开创了现代室内设计的先河。同时，现代室内环境设计教育也在全世界范围内得到发展。经过多年的探索，中国的室内设计教育与实践也得到了长足的发展，取得了可喜的进步。

室内设计与建筑设计之间的关系极为密切，相互渗透，通常建筑设计是室内设计的前提，正如城市规划和城市设计是建筑单体设计的前提一样。室内设计与建筑设计有许多共同点，即都要考虑物质功能和精神功能两方面的要求，都需遵循建筑美学的原理，都受物质技术和经济条件的制约等。室内设计不仅满足了人们生理和精神上的要求，保障生活、生产活动的需求，也是功能、空间形体、工程技术和艺术的相互依存和紧密结合。作为一门相对独立的学科，从室内设计的发展历史中，我们可以认识到现代室内设计具有以下四个特点。

一、追求功能的实用

追求室内空间功能的实用，提高空间利用的有效性，是室内设计的出发点。同时，注重运用新的科学与技术，提高室内空间"舒适度"和"艺术感"。

（一）对人们身心的影响更为直接和密切

由于人的一生中极大部分时间是在室内度过（包括旅途的车、船、飞机内舱等），因此室内环境的优劣，必然直接影响人们的安全、健康、效率和舒适感。室内空间的大小和形状、室内界面的形式和色彩、装饰的材料和图案等，人们都会长时间、近距离地感受，甚至可以接触和触摸到室内的家具、设备以至墙面、地面等界面，会对人们的生理、心理产生较强的影响。因此，人们很自然地对室内设计的要求更为深入细致和缜密；要更多地从有利于人们身心健康和舒适的角度去考虑，要从有利于丰富人们的精神文化生活的角度去考虑。

（二）对构成室内环境的物理因素考虑更为周密

室内设计是一个综合系统性的设计，除了对形式上设计的考量外，还要对构成室内环境的空间形态与构成进行合理规划。对构成室内光环境和视觉环境的采光与照明、色调与色彩搭配、材料质地与纹理，对室内热环境中的温度、相对湿度和通风换气，对室内声环境中的隔声、吸声和噪声背景等都要有充分的计算。在现代室内设计中，尤其是特定功能的空间，如音乐厅、展厅、精密仪器加工车间等环境中，这些物理环境构成因素中的大部分都有行业定量标准。

二、充分利用现代工业的成果

充分利用现代工业的成果，采用性价比最高的最新工业材料和批量生产的工业产品。

（一）具有较高的科技含量和附加值

现代室内设计所创造的新型室内环境，往往在计算机控制、自动化、智能化等方面具有新的要求，从而使室内设施设备、电器通信、新型装饰材料和五金配件等都具有较高的科技含量，如智能大楼、能源自给住宅、生态建筑、计算机控制住宅等。由于科技含量的增加，也使现代室内设计及其产品整体的附加值增加。

（二）室内功能的变化、材料与设备的老化与更新更为突出

与建筑设计相比，室内设计与时间因素的关联更为紧密，更新周期趋短，更新节奏趋快，几乎每五年就要更新一次。在室内设计领域里，可能更需要引入"动态设计""潜伏设计""可持续"等新的设计观念，即随着社会生活的发展和变化，认真考虑因时间因素引起的对平面布局、界面构造与装饰以至施工方法、选用材料等一系列相应的问题。

三、追求个性化的空间质量

追求个性与独创性是人们的普遍追求，个性化的空间质量较为集中、细致、深刻地反映了设计美学中的空间形体美、功能技术美、装饰工艺美。

如果说，建筑设计主要以外部形体和内部空间给人们以建筑艺术的感受，室内设计则以室内空间、界面线形以及室内家具、灯具、设备等内涵物的综合，给人们以室内环境艺术的感受，因此室内设计与装饰艺术和工业设计的关系也极为密切。

四、重视室内空间的综合品质

在室内环境的塑造和某种特定氛围经营中，一方面要充分利用现代技术手段，另一方面又要充分重视室内环境的艺术性的追求。在重视物质技术手段的同时，要高度重视艺术美学，重视创造具有表现力和感染力的室内空间和形象，创造具有视觉愉悦感和高度文化内涵的室内环境，使生活在现代高科技、高节奏社会中的人们，在心理上、精神上得到一定的平衡，也就是处理好现代建筑和室内设计中的高科技和高情感之间关系的问题。总之，现代的室内设计应该是科学性与艺术性、生理需求与心理需求、物质因素与精神因素等多方面的综合与平衡。

第六节

"以人为本"原则

当前，"以人为本"的思想已成为世界范围内的共识，不仅在设计领域，甚至体现在国家的经济、政治决策中，这一主张也成为我国制定政策的依据和前提。因此，"以人为本"的思想自然也是我们指导室内设计的原则。

一、实现设计的真正价值

只有坚持"以人为本"的原则，才能实现设计的真正价值。

室内设计为人们提供的不是一个纯粹的艺术品，而是一个实在的生活空间，人们必须通过对这个空间环境的具体使用和对其中的设施、设备的操作，才能体验、感受到设计的价值以及我们为增进人们的生活质量所付出的创造性劳动。

设计者对人性的关爱，对历史、文化和社会价值观的理解，就融会在这个人为的空间环境之中。因此，只有坚持"以人为本"的原则，我们才能实现设计的真正价值。

二、形式服从功能

坚持"以人为本"的原则，是"形式服从功能"原则的必然要求。

"形式服从功能"是现代主义建筑所倡导的一个基本原则，尽管人们对其因过分强调功能因素而导致建筑形式的单一刻板进行了猛烈的抨击，但是从功能的要求出发来考虑设计对象的形式问题，仍然是十分必要的。良好的使用功能不仅是评价设计优劣的基本条件，而且是体现设计者对使用者尊重和关爱的核心问题。人的社会生活，多数时间是在室内环境中度过的，而人的生活方式有无限多的可能性，每种形式都有不同的功能要求，对这些功能要求进行深入系统的分析，是做好室内设计的基本前提。

人们因国家和地区、民族、习俗、职业、性别、年龄等的不同有不同的行为方式，不同的行为方式对建筑功能有不同的要求，室内设计就是要针对这些功能要求，提供最恰当的使用形式。我们的创造力不仅要体现在满足人们对美的渴望上，更应该体现在思维与存在的同一性上（我们想象的要与现实中人们需要的相一致），体现在设计者对人的行为的预见性和判断力上，这就是理性赋予人的特殊权力。一个好的设计应该在投入使用之前，就能准确地预见到用户的使用方式并为这种方式提供方便的服务，而不是制造阻碍。

三、人的属性决定了室内设计遵循的原则

人的属性决定了室内设计是服务于人，即要遵循"以人为本"的原则。

室内设计的目的始终是面向人的，是对人的行为的计划与规范。现代设计运动为人类物质文明的发展做出的最大贡献，就是为设计活动提供了一个正确的立足点——设计的目的是人，而不是产品。这个命题已成为今天设计界普遍遵循的格言。为了理解这一命题的准确含义，我们可以进一步追问：设计是为了人的什么？怎样把握人的性质？人的哪些性质是我们必须考虑的？以此一直追问下去。为了不偏离主题，我们只从设计的角度来考察人的某些属性和特征。人有两种基本的属性，即自然属性和社会属性。

人首先属于自然，这是一个含义丰富的命题。人是自然中的一部分，是自然造化的结果，人的躯体及躯体各部分的功能（包括人的思维）都具有生物性，都可以在自然科学中找到准确的解释。我们研究人的自然属性，主要着眼点是放在人与自然的关系上——人与自然之间的相互影响。对于室内设计而言，我们研究的"自然"主要是人本身和人在室内接触到的物理环境。人在室内工作、生活、学习，需要适当的温度、光线、清新的空气，使用方便的设备、家具和享受优雅的文化氛围，这就构成了人与自然的关系。每一种自然的、人为的条件，都对人的生存产生一定的影响，而室内设计的目的，就是要通过设计者创造性的劳动，在人与自然之间建立起和谐的关系。

人同样是属于社会，人的本质属性在于他的社会性，同时，人也是历史的产物，人的发展和人对现实世界的认识，是社会交往和历史积累的结果。因此，人的思想、情感和社会认识具有历史性和社会性。我们研究人的社会属性，就是要了解人在社会实践中积累形成的各种思想、信仰、情感、兴趣和价值观，这些内容对设计者的价值判断将产生深刻的影响。我们要使自己的作品尊重人性的权力，就必须深刻地认识、理解人的社会属性。"设计是对人的行为的规范"，对这一理念还可以进一步分析：设计不仅为我们提供新的使用价值，更可以为我们提供新的生活方式，从而进一步影响我们的生活态度和观念。例如，步行街上的盲道，建筑中的无障碍设计，供残疾人使用的洁具，不同结构布局的餐厅、会议室等，它们既提供了不同的使用功能，也创造了新的生活方式。另外，不同布局的会议室能够产生不同的开会形式和氛围，体现出不同的人际关系。讲堂式的会议室是一种单向传导式的开会方式，一人讲，众人听，教导、训诫的意味很强，如法庭就采用此类布局形式。而圆桌式的会

议室是多向互动的开会方式，平等、民主的意味较强，易于形成轻松和谐的氛围。

　　因此，在进行室内设计时，要自始至终以人为本，将人与物，人与环境联系起来，重视它们之间的协调关系。

？

思考与练习

1. 如何理解室内设计的概念？

2. 室内设计与建筑设计、环境艺术设计之间的关系是什么？

3. 室内设计包含哪些内容？有什么主要特点？

4. 怎样在室内设计中体现"以人为本"的理念？

第二章

室内功能与空间设计

空间实际上是一种存在关系，基本上是由一个物体同感觉它的人之间产生的相互关系所形成的。空间离不开人的参与和感知，人对空间的感受和体验是由人的整个身躯和所有知觉，包括逻辑的判断所形成的。

第一节

空间的概念与属性

空间是与实体相对的概念，空间和实体构成虚实的相对关系。人们通过形成空间的实体要素来确定空间的大小、长短、高低，我们生活的环境空间，就是由这种虚实关系所建立起来的空间。

一、空间的概念

《现代汉语词典》中对空间的解释是"物质存在的一种客观形式，由长度、宽度、高度表现出来"。空间实际上是一种存在关系，基本上是由一个物体同感觉它的人之间产生的相互关系所形成的。空间对于宇宙来说是无限的，而对于具体的事物来说，它却是有限的，无限的空间里有许多有限的空间。在无限的空间里，一旦置入一个物体，空间与物体之间马上就建立了一种视觉上的关系，部分空间被占有了，无形的空间在一定程度上就有了某种限定，有限、有形的空间也就随之建立起来了。例如，雨天中一对恋人撑起一把雨伞，伞底下就形成了一个小小的、属于他们二人的独立天地；人们野餐时铺在草地上的一块塑料布，也会营造出一个聚会的场所。尽管这些临时性的场所四周是开敞或无限的，但人们仍能感受到这一空间的客观存在，同时也不影响人们对这一空间的理解。类似的例子在我们生活和工作的环境中随处可见，如一个亭子、一把阳伞（图2-1）、一棵大树、一处篱笆、一个水池、一块地毯、几把椅子（图2-2）、一组沙发，甚至是几个站在一起的人，都可以形成一个空间。

图2-1 茅草亭子营造出一个相对独立的休憩空间

图2-2 家具围合限定而成的休息区

由建筑所构成的空间环境称为人为空间，而由自然山水等构成的空间环境叫自然空间。我们研究的主要是人们为了生存、生活而创造的人为空间，建筑是其中的主要实体部分，辅助以树木、花草、小品等，构成了城市、街道、广场、庭院（图2-3）等空间。

建筑构成的空间是多层次的，单独的建筑可以形成室内空间，也可以形成室外空间，如广场上的纪念碑、塔等。建筑物与建筑物之间可以形成外部空间，如街道、巷子（图2-4）、广场（图2-5）等，更大的建筑群体则可以形成整个城市空间。

二、空间的属性

人类对建筑的认识由浅入深、由表及里，是一个不断深化的过程。早在古罗马时代，建筑师维特鲁威在他的《建筑十书》一书中，就提出了西方最早的建筑理论——坚固、实用、美观。维特鲁威的这一思想虽然比较准确地概括了建筑的基本特征和属性，但却没有回答"建筑的本质是什么"的问题。他的观点如果放在非建筑属性的其他物质产品中同样有着非常广泛的适用性，因此，不能成为我们概括建筑本质特征的理论依据。

（一）空间的物质属性

老子认为："三寸辐共一毂，当其无，有车之用。埏埴以为器，当其无，有器之用。凿户牖以为室，当其无，有室之用。故有之以为利，无之以为用。"这段话形象、生动地阐述了事物之于人的意义不在于实体本身，而在于实体带给人的益处。它指明了建筑的实体与虚空之间对立统一的辩证关系。根据老子的思想，建筑最根本的东西并不是围成实体的那个"壳"，而是其形成的内部空间，并把它比喻成为容器——一个可以容纳人和人的行为的容器。那么，这个容器与一般的容器相比，有哪些特殊的性质呢？

天津大学彭一刚教授在《建筑空间组合论》一书中说：在各种容器中，最简单的莫过于容纳流体的容器了，只要有足够的容积，就可以满足要求，对于其形状没有特殊的限制（图2-6）。

除了量的规定性之外，有些物体还有形

图2-3 三亚安纳塔拉度假酒店庭院

图2-4 广西黄姚古镇街巷

图2-5　意大利圣吉米尼亚诺小镇中的广场

图2-6　形态各异的玻璃器皿

的规定性，即必须具备某些确定的形状，才能满足所要容纳的物体形态之要求，这类容器要比前一类复杂一些（图2-7）。

　　鸟笼也可以认为是一种容器，但它容纳的是有生命的东西，它的形状和体积不是根据鸟的体积、重量、形状来确定的，而是依据鸟的活动性质来确定的，必须给它的活动提供适当的空间，否则生命就会枯竭。

　　我们也可以把建筑比作一种容纳人和人的行为的容器，它与鸟笼有着某些相似之处，但人的活动范围之广阔、活动内容与形式之丰富复杂、对环境要求之严格，是地球上其他任何生命体所无法相比的（图2-8）。

　　就范围来讲，小至一间居室，大到一幢建筑、一个小区、一座城市都属于人活动的空间范围。就其形式而言，不仅要满足一个人、若干人，还要满足整个社会所提出的物质和精神上的要求。建筑设计和城市规划的任务就在于如何有效地组织这样一个无比复杂或庞大的内部与外部空间。

　　空间的物质属性首先体现在空间的构成要有一定的物质基础和手段。墙体、地面、屋顶、柱子和在墙体和屋顶上开设的门、窗等这些建筑构件，以及在建造中采用的物质材料和技术手段，都是为了营造为我们所利用的空间（图2-9）。没有它们，也就不会有

图2-7　眼镜盒

图2-8　纽约杜勒斯国际机场

合乎人们需要的空间。另外，空间的物质属性体现在空间必须满足人们的功能需要上。在建筑中，人们通过各种方法来围合、分隔和限定空间，其意也在于形成各种不同的室内空间，满足人们不同的功能需要。从辩证唯物主义的观点看，内容决定形式，不同的功能要求需要不同的空间、物质和技术手段。例如，住宅的功能是由人每天的生活规律和行为特点决定的，它由大小、形式不同的空间构成一个组合空间，包括起居室、餐厅、卧室、卫生间、厨房、储藏间等；机场、火车站、体育馆、音乐厅、歌剧院、影剧院、商场等基本上由一个或几个大型空间与若干个小空间组合而成；办公、学校等建筑则是由基本空间相似的一个系列空间组合而成。但不管采用什么物质材料、什么结构、什么形式，其空间的基本目的首先都是满足功能的需求（图2-10）。当然，物质和技术手段也不完全是被动地适应，先进和完善的技术与物质手段可以启发和促进新的空间形式的出现，可以满足更高更新的功能要求。

（二）空间的精神属性

如同其他艺术形式一样，空间除了满足物质功能需要外，它还要满足人精神上所必不可少的需求。当画家用色彩、线条来进行创作，雕塑家用体、面来塑造形体时，其所要表达的意义远超出形式之外。建筑师和室内设计师也同样如此，他们利用空间来表达情感，表现深层的意义。空间设计与绘画及雕塑的区别在于：绘画虽然表现的是三维对象，用的却是二维语言；雕塑是三维形式的，但它与人分离，人只能在远处观看；而空间设计使用的则是三维语言，人置身于其中，空间的形态会随着人的移动而变化，因此有四度空间之说。空间的形体语言可以传达崇高、神圣、稳定、压抑等意义。例如，高直的空间给人以崇高的感觉，过于低矮的空间使人压抑，金字塔式的空间让人觉

图2-9　桂林愚自乐园入口

图2-10　旧金山艺术学院教室

得安稳。中国古代建筑的对称空间组合显示了"居中为尊"的理念，如故宫等皇家建筑（图2-11）；而中国古代的园林建筑则恰好相反，追求与自然环境的统一和谐，产生了自由的空间形式和组合，造就了天人合一的境界（图2-12）。

建筑是通过空间、形体、色彩、光线、质感等多种元素的组合整体地表现精神性的。空间是主要的，起着决定性的作用，其他的元素只起着加强或减弱空间的艺术效果的作用。空间既可以表达设计师的情感，也可以反映出不同地域、不同民族、不同文化、不同人的特点。

图2-11　北京故宫太和殿内景

图2-12　扬州何园

第二节

室内空间的功能属性

房间作为一种空间形式，是构成建筑的最基本单位。为了满足不同的功能要求，不同性质的房间在体量、形式和室内环境质量等方面均存在着自身的特殊性。这种因功能要求而限定的空间形式可称为室内空间的功能属性，包括以下几个方面。

一、量的规定性

不同的使用功能要求有与之相适应的内部空间，空间的大小取决于人在其中的活动性质，如起居室、教室、餐厅、体育馆、电影院、航站楼等，皆因人在其间的活动性质不同而有不同的空间形式和体量。

二、形的规定性

不同的使用功能对空间的形状也有不同的要求，如幼儿园的游戏室宜采用方形平面，以使教师到达孩子的距离大致相当。教室则一般采用矩形平面，因学生看黑板时的视线范围有一定限制，不宜在水平方向拉得过长。电影院或剧院的平面形状一般为扇形，垂直空间的形状呈阶梯状，这是基于视、听两个方面的功能要求（图2-13、图2-14）。天文馆的天象厅，其穹顶不是为了形式的美感而设计成球面体，而是由于演示太空的设备和图像要求界面上的每一反射点与光源的距离应基本相同，以保证图像的准确和清晰。在某些工业建筑中的控制室，为了方便观察，也适于采用圆形平面的空间形状。

三、质的规定性

功能对空间的规定性首先表现在量和形两个方面，但仅有量和形还不够，还要使空间在质的方面也具有与功能相适应的条件。这就涉及空间环境的物理条件及其对人产生的心理反应，如温度、湿度、朝向、采光、隔音、色彩和室内装饰风格等。温度、湿度等纯粹物理环境方面的内容与空间的体量和造型之间没有更直接的关系，换言之，对室内温度、湿度和隔音的处理无论采取什么方式，对空间的形式可能没有多大影响；但朝向、采光和室内装饰风格的不同，会给室内空间形式带来十分明显的变化。开窗的位置、数量、大小、朝向，会直接影响室内环境的品质。对于一个空间来说，开窗有许多不同的形式，如天窗、侧窗、角窗、带形窗、落地窗、弧形窗、舷窗等，开窗的形式和数量会对室内形成不同的采光条件和心理感受（图2-15）。如果一个房间只在高处开一个小窗，该空间就具有很强的私密性和控制力，开窗的

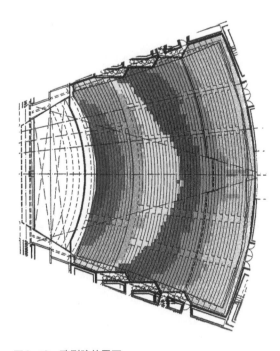

图2-13　歌剧院的平面

图2-14　音乐厅

目的不是采光，而是为了通风，这种房间不是囚室，就是仓库。如果开窗的数量较多，且单位面积较小，这样的开窗对室内空间具有较强的装饰性。如果开窗的面积较大，甚至形成落地窗，就会使室内空间形成开放性的特点，室内与室外相互融通。

图2-15　慕尼黑路德维希博物馆展厅采光设计

第三节

空间与结构类型

室内设计是在给定的建筑空间中展开的，而建筑空间是人们从自然空间中营造出来的，人们创造空间是有两个目的：一是满足一定的使用功能要求；二是创造美的形式。就前一种目的而言，就是要符合功能的规定性，一个空间必须有确定的量（大小、容量）、确定的形（形式、形状）、确定的质（室内空间的物理环境和文化环境）；就后一种目的而言，就是要使室内空间具有美的形式，符合美的形式法则。我们判定一座建筑"成为"建筑，必须超越其简单实用的考虑（自然的或文化上的表述）。

要达到上述目的，施工方还必须充分发挥材料的力学性能，巧妙地把材料组合在一起，并使之具有合理的荷载传递方式，使整体和部分都具备一定的刚性并符合静力平衡条件。我们通常把符合功能要求的空间称为适合空间，把符合审美要求的空间称为视觉

空间，把按照材料性能和力学规律建造起来的空间称为结构空间。这三者由于形成的根据不同，各自受到的制约条件不同，各自遵循的法则不同，因而它们并非完全吻合一致。结构合理的空间可能并不美观，美观的结构也可能并不适用，但在建筑和室内设计中，必须将这三者完美地结合为一个整体。

在古代，功能、结构和审美三者之间的矛盾并不突出。在当时的历史条件下，建筑师既是工程师也是艺术家，他们在创作的过程中始终把这三者作为一个整体加以考虑。因此，我们看到许多古典建筑在形式、结构和功能方面达到了完美和谐的统一。但到了近代情况就不同了，由于科学技术的进步、社会生活的丰富和生活水平的提高，对建筑和室内功能的要求也越来越复杂、严格和多样化，建筑设计领域出现了进一步的分工，工程结构和室内设计各形成了一个独立的科

学体系，从建筑学中分离了出来，成为一个独立的学科。要完成一件建筑作品，建筑师必须同结构工程师和室内设计师一起相互配合，才能最终形成一个完整的设计方案，于是正确地处理好上述三者的关系就显得更为重要了。

不同的建筑结构不仅可以产生不同的空间形态，满足不同的使用功能，也可以产生不同的心理感受。因此，室内设计一开始就应该把结构、功能和视觉感受三者科学地结合在一起。古典时代的西方建筑师从来是把满足功能要求和审美要求联系在一起考虑的。他们创造了拱券（图2-16）和穹窿结构（图2-17），建造了规模巨大的浴场（图2-18）、法庭、竞技场以适应社会的需求，而且获得了巨大的室内空间和辉煌壮丽的视觉形象。

结构是形成空间的支配因素，也是构成形式逻辑的决定力量。任何一种空间形态都受到结构的支配，不同的结构体系造就了不

同的建筑形式和室内空间形态，进而影响着人在空间中的情绪和行为。如果说西方古典建筑所采用的砖石砌筑技术及其相应的结构体系，给人以庄重、深沉、恢宏之感，那么我国传统建筑所采用的木构架，则易于获得轻巧、空灵、通透的效果。这些不同的艺术形式与建筑结构体系有着更为直接的、密不

图2-17　罗马圣彼得大教堂的穹窿

图2-16　罗马圣科斯坦察教堂

图2-18　罗马卡拉卡拉浴场复原图

可分的联系。

近代科学技术的发展，为我们提供了丰富的建造材料和建造手段，不仅为满足人们多种功能的需要提供了强有力的物质条件，也为艺术表现力的增强创造了更加广阔的发展空间。正如美国建筑师埃罗·沙里宁所言："每一个时代都是利用当时的技术来创造自己的建筑。但是没有任何一个时代拥有像我们现在所拥有的这样神奇的技术。"的确，像悉尼歌剧院、日本代代木体育馆、香港汇丰银行总部大厦、上海金茂大厦、法国里昂机场高速铁路车站等，每一个具有代表性的建筑都投射出具有时代特征现代技术的光辉。如果我们不了解现代材料和结构力学的成果，就不可能创作出真正优秀的作品。在室内设计方面，如果不了解各类建筑结构的性能和特点，就不懂得如何发挥结构自身的优点，克服它的不足，也就无法使室内设计与建筑结构结合为一个完美的整体。

一、以墙和柱承重的梁板结构体系

以墙和柱承重的梁板结构体系是一种古老而有着持久生命力的结构体系，早在公元前两千多年的古埃及建筑就已经广泛采用了这种结构体系。它的最大特点是墙体本身既起围隔空间的作用，也承担屋面的荷载，把维护结构和承重结构合二为一。

这种结构主要由两类基本构件组合而成：一是墙、柱；二是梁、板。前者形成空间的垂直面，后者形成空间的水平面。墙和柱承受的是垂直的压力，梁和板承受的是弯曲力。古埃及和西亚建筑采用的是石梁板、石墙柱结构（图2-19）；古希腊建筑采用的是木梁、石墙柱结构（图2-20）。凡是利用墙、柱承担负荷的结构形式，都可以归纳在这种体系之中（包括近代的混合结构、大型板筏结构、箱形结构等）。古埃及和西亚建筑采用的是石梁柱结构，由于天然石料自重大，不可能形成较大跨度的空间，因此，只能形成狭长的空间，反映在平面上必然会有两条相互平行而又靠得很近的墙体。这种结构方法的局限性很大，即使用石柱代替墙体，也会因石梁板的跨度有限，柱身粗大，导致柱子林立，空间拥塞（图2-21）。

古希腊神庙的屋顶以木梁代替石梁，使正殿部分的空间有所扩大，这是由于材料本身的自重轻，而且适合于承受弯曲力，与古埃及相比，古希腊神庙显然要开敞得多。这

图2-19　古埃及神庙的石梁板、石墙柱结构

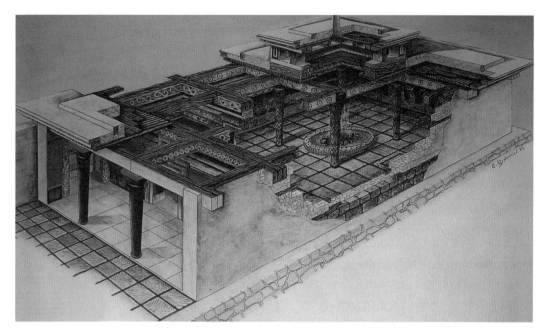

图2-20 古希腊迈锡尼宫殿正厅复原图

图2-21 古埃及神庙的石梁柱结构

种差别固然有人的主观意图的因素，但也与其结构方法和选择的材料有一定关系。自木梁问世以来，经过了几千年，人们还在使用它。这一方面是由于它取材和加工简便；另一方面是这种结构形式具有灵活、适应性强的特点，但缺点是寿命短、易糟朽和焚毁。古希腊的许多建筑遗址就是由于这个原因，只保存下了石梁柱的残垣断壁。

二、框架结构体系

框架结构也是一种古老的结构形式，它的历史可以追溯到原始社会。当原始人由穴居转入地面居住时，就学会了用树干、树枝、兽皮等材料搭成帐篷式的茅屋。

我国传统的木构架结构建筑也是一种框架结构，其历史悠久，大约在公元前2世纪的汉代就已经发展起来了。中国传统建筑是木框架结构，梁架承载着屋顶的负荷，墙体只起围护的作用，故有"墙倒屋不塌"之称（图2-22）。这种木构架结构的建筑技术在古代的宫殿、庙宇、民居、园林建筑等方面占据了统治地位。

除了木材以外，西方古典建筑（哥特式建筑）中也有用砖石砌筑而成的框架结构形式。在13~15世纪，欧洲的宗教建筑多采用这种形式，它采用的是尖拱拱肋结构，无

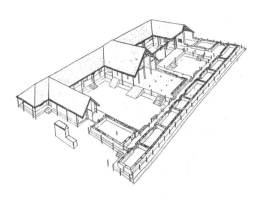

图2-22　岐山凤雏先周宫殿复原透视图

论从形式或受力状况看都不同于古罗马时代的筒形拱或穹窿。它的最大特点是将屋顶的荷载分别集中在若干个拱肋上，再通过这些交叉的拱肋将重力汇集于拱的矩形平面的四个角上（图2-23）。哥特式教堂的结构，就是通过重复运用这种形式的基本空间单元而形成宏大的室内空间的。为了减小拱肋的水平推力，又分别在两侧设置了飞扶壁，既满足了功能的需要，又使建筑物的外观显得雄伟、空灵。但这种结构的最大弱点是刚性差，在学术界有人反对将这种结构作为框架结构来看待。

18世纪，法国的建筑工程师弗郎索瓦·埃纳比克改进了钢筋混凝土浇筑技术，对混凝土中钢筋的配比进行了改造，使混凝土的抗压强度与钢筋网的抗拉强度共同发生作用，提高了结构的刚性。从此，用这种材料建造框架结构便逐渐流行起来，并对建筑业的发展起到了极大的推动作用（图2-24）。它不仅改变了传统的设计方法，也改变了人们传统的审美观念，现代建筑的形式语言正是建立在这个结构基础之上的。

三、大跨度结构

大跨度结构的出现，也有着悠久的历史，最早的大跨度结构可以追溯到公元前14世纪。大跨度结构主要有旋形、拱形、穹窿、桁架、壳体、悬索、网架、悬挑等形式。

（一）旋形结构

倚石旋可以说是最早的拱形结构的雏形，由此而发展出楔形石砌成的拱旋，形成

图2-23　巴黎圣母院内景

图2-24　美国丹佛市中心图书馆

一种独立的结构体系。古代多用来处理门和窗洞上方以及桥面的荷载，以此来代替梁的功能。

（二）拱形结构

拱形结构和梁板结构的主要区别在于两者的受力情况不同：梁板结构所承受的是弯曲力；拱形结构承受的是轴向压力。在以天然石料为结构材料的古代，以石块为梁不可能跨越较大的空间。拱形结构可以不用大石料来制作，节省人力和运输的麻烦。同时，小块石不仅可以砌成较大的拱形结构，还可以获得较大的内部空间。简单的拱形结构是筒形拱，但它除了产生重力以外，还会产生横向推力，为保持稳定，就需要很厚重的侧墙，拱的跨度越大，支承它的墙就越厚，这样就会影响空间的灵活组合。为了克服这一局限，人们又发明了交叉拱，这种结构将重力和水平推力集中在拱的四角，使其具有了较大的空间灵活性（图2-25）。

（三）穹窿结构

穹窿结构是一种古老的大跨度结构形式，是古罗马建筑和文艺复兴时期建筑的重要特征，按照砌筑方法，大致可分为叠涩穹窿和拱壳穹窿两大类。于公元前14世纪建造的阿托雷斯宝库就使用了一个直径为14.5m的叠涩穹窿。古罗马时代，半球形的穹窿已被广泛用于各类建筑，潘提翁神庙便是典型代表。其直径为43.2m，上面采用了一个由混凝土做成的穹窿，半球形的穹窿结构使重力沿周边向下传递，只适合于圆形平面的建筑。为了使建筑形式具有更大的适应性，人们将半球切去若干部分，使重力可以先传递给四周弓形的拱口，再通过角部的柱墩把重力传递给地面。到公元6世纪，该结构又有了新的发展，一些拜占庭建筑中出现了用穹窿覆盖方形平面的空间，发明了用帆拱作为过渡的方法。于是，结构的跨度又进一步增大，著名的伊斯坦布尔圣索菲亚大教

图2-25　拱形结构

堂就是采用的这种形式（图2-26）。

（四）桁架结构

桁架也是一种大跨度结构，它是近代结构力学发展的产物。其力学特点是把构件整体受弯转变为局部构件受压或受拉，从而更有效地发挥材料的潜力并增大结构跨度。与此原理类似的还有钢筋混凝土钢架结构，根据弯矩的分布情况而具有与之相应的外形——弯矩大的部位截面面积大，反之则

小。贝聿铭设计的美国华盛顿美术馆东馆的中庭采用的就是桁架结构（图2-27）。

（五）壳体结构

壳体结构可分为单曲和双曲等多种类型，形式也丰富多彩。第二次世界大战以后，国外的建筑工程师们从仿生学的角度，在结构力学上又取得了突破性的进展。他们从鸟类的卵、贝壳、果壳等自然形态中获得启发，进一步探索薄壳结构，促进了材料向轻质、高强度方向发展，出现了许多薄壁建筑，较常见的有折板和壳结构，代表建筑有著名的罗马小体育宫（图2-28、图2-29）、悉尼歌剧院、美国纽约的TWA航站楼、巴西的议会大厦等。

图2-26　伊斯坦布尔圣索菲亚大教堂内景

图2-28　罗马小体育宫

图2-27　华盛顿国家美术馆东馆的共享大厅

图2-29　罗马小体育宫内景

（六）悬索结构

悬索结构是指在20世纪初发展起来的一种大跨度结构。悬索在均衡荷载的作用下，必然产生下垂的悬链曲线形式，悬索的两端不仅会产生垂直向下的压力，而且会产生向内的水平拉力。单向悬索结构为了支承悬索并保持平衡，必须在索的两端设置主柱和斜向拉索，缺点是稳定性差，特别是在风力的作用下，易产生振动和失稳，如美国杜勒斯国际航站楼。为了提高其抗风能力和稳定性，可采用双层悬索或双向悬索结构，索分上、下两层，上层为稳定索，下层为承重索，上、下两个索均张拉于内外两个圆环上，形成整体，形状如自行车轮，故称轮辐式悬索结构，如北京工人体育馆。除双层悬索外，用双向悬索具有相反方向的弯曲面，向下凹的为承重索，向上凸起的为稳定索，相互交叉组成索网，不仅整体性好，空间造型也很独特、优美，如日本的代代木体育馆（图2-30）、浙江人民体育馆、北京青年交流中心的游泳馆等。还有一种是悬挂式结构，利用钢索将屋面吊挂起来，充分利用钢索的抗拉特点，减小屋面的弯曲力，如北京奥体中心英东游泳馆、上海浦东大桥、法国的雷诺特物流中心等（图2-31）。

（七）网架结构

网架结构也是一种大跨度空间结构，特点是刚性大，变形小，应力分布均匀，可大幅度减轻结构自重，节省材料并能跨越较大的空间。网架结构可以用木材、钢筋混凝土或钢材来制作，形式多样，使用灵活。许多大跨度的公共建筑或工业建筑均采用这种结构形式（图2-32）。

图2-31　雷诺特物流中心

图2-30　东京代代木国立体育馆

图2-32　世界金融中心冬季花园

（八）悬挑结构

悬挑结构是用支承物和挑梁组成的结构体系，分为单向出挑、双向出挑和辐射出挑几种形式。一般使用在建筑上的阳台、体育场的看台、车站的月台、剧院的看台等方面。房屋建筑中的无梁楼盖，即为这种结构的一种形式，通过加大柱帽（辐射式出挑），舍弃横梁，即可获得较大的空间高度。悬挑结构大多使用木材、钢筋混凝土和钢材来制作（图2-33）。

图2-33　北京首都机场T3航站楼

第四节

室内空间设计

室内空间设计是针对建筑内部环境进行的空间处理，包括平面的组织、空间的分隔、顶部造型、地面标高的变化等。室内设计是在给定的空间环境中对人的行为的计划与规范，不同的行为内容需要不同的空间环境，其中既涉及室内的功能问题，也涉及空间的形式问题。不同的空间形式可以产生不同的心理感受，从而影响室内功能。这部分工作既是建筑师的任务，也是室内设计师的任务。建筑师根据功能的要求，确定建筑的总体空间类型，室内设计师则是在这个基础上，使这种功能更加具体化。在一些大型的多功能的公共建筑中，如展览馆、博物馆、商品交易中心、购物中心等，其内部空间的分割，室内交通的组织，功能分区，各种设备、设施的布局等都需要室内设计师进行统筹规划。怎样规划空间的序列，使其在有序的、不断变化的空间中形成有张有弛、起伏跌宕的节奏感，使室内的活动得到有效的组织和控制，就是空间设计的基本任务。我们可以通过对空间的位置、形状、体量、静与动、封闭与开敞、层次与渗透、引导与暗示等多种方式，形成一个完整、统一、丰富的空间秩序。

建筑空间有内、外之分，但是在特定条件下，室内外空间的界限似乎又不是那样泾渭分明，例如，四面敞开的亭子、透空的走廊、处于悬臂雨篷覆盖下的空间等，这些究竟是内部空间还是外部空间？似乎不能直接给出明确的回答。在一般情况下，人们通常用有无屋顶当作区分内外空间的标志。内部空间是人们为了某种目的（功能）而用一定的物质材料和技术手段从自然空间中围隔出来的，它和人的关系最密切，对人的影响也最大，它应当在满足功能要求的前提下具有美的形式，以满足人们审美的要求。以下从空间形式对人精神感受的影响方面来探讨内部空间的处理问题。

一、室内空间的设计要素

室内设计首先要从分析和了解设计要素入手，与设计有关的基本要素可以概括为以下几个方面。

（一）空间的体量与尺度

在一般情况下，室内空间的体量大小主要是根据房间的功能和使用要求确定的，室内空间的尺度感应与房间的功能相一致。例如，住宅中的居室如果空间过大，便难以形成亲切、宁静的气氛。因此，居室的空间只要能够保证功能的合理性，即可获得恰当的尺度感。而对于公共活动场所，一般都具有较大的面积和高度，如人民大会堂的万人大礼堂（图2-34），从功能上讲，要容纳万人集会；从形式上讲，要具有庄严、博大、宏伟的气氛，两者都要求有巨大的空间，从而实现功能与形式的一致。历史上确有一些建筑，如哥特式教堂，其异乎寻常高大的室内空间，置身其中使人显得格外渺小，这不是由于使用要求，而是由精神方面的要求所决定的。对于这些特殊类型的建筑，人们不惜付出高昂的代价，追求的是一种强烈的信念和艺术感染力（图2-35）。

按照功能合理地确定空间的高度，具有特别重要的意义。室内空间的高度，可以从两方面看：一是绝对高度，即实际层高。只有正确地选择合适的尺寸，才能获得良好的空间感。如果尺寸选择不当，过低会使人感

图2-34 北京人民大会堂万人大礼堂

图2-35 罗马圣彼得大教堂内景

到压抑，过高又会使人感到不亲切。二是相对高度，不单纯着眼于绝对尺寸，要从单一房间的建筑面积来考虑体量问题。根据一般的经验，在绝对高度不变的情况下，面积越大，空间越显得低矮。另外，天棚和地面，如果高度与面积保持适当的比例，则可以显示出一种互相吸引的关系，利用这种关系可以产生一种亲和感，但是如果超出了某种限度，这种吸引的关系将随之消失。

在复杂的空间组合中，各部分空间的尺度感往往随着高度的改变而变化。例如，有时因高耸、宏伟而使人产生兴奋、激昂的情绪；有时因低矮而使人感到亲切、宁静；有时甚至会因为过低而使人感到压抑、沉闷。巧妙地利用这些变化，使之与各部分空间的功能相一致，则可以获得较为理想的效果。

（二）空间的形状与比例

不同形状的空间，往往使人产生不同的感受，在选择空间形状时，必须把功能要求和精神感受统一起来考虑。常见的室内空间一般呈矩形平面，其空间长、宽、高的比例不同，形状也可以有多种多样的变化。不同形状的空间不仅会使人产生不同的感受，甚至还会影响人的情绪。例如，一个窄而高的空间由于竖向的方向性比较强烈，会使人产生向上的感觉，如同竖向的线条一样，可以激发人们产生兴奋、激昂的情绪。哥特式教堂所具有的又窄又高的室内空间，正是利用其高耸的几何形状特征，而给人一种崇高、静穆、伟岸的心理感受，增强了人与神之间的距离感（图2-36）。

一个细而长的空间，由于纵向的方向性比较强，可以使人产生深远的感觉。借这种空间形状能够诱导人们产生一种期待和寻求的情绪，空间越细长，期待和寻求的情绪越强烈，引人入胜。颐和园的长廊背山临水，自东而西横亘于万寿山的南麓，由于它的空间形状十分细长，处于其中就会给人以无限深远的感觉，凭着这种吸引力，可以把人自东而西一直引至园林的纵深部位。

除长方形的室内空间外，为了适应某些特殊的功能要求，还有一些其他形状的室内空间，这些空间也会因其形状不同而给人以不同的感受。例如，中央高四周低、穹窿形状的空间，一般可以给人以向心、内聚和收敛的感觉；反之，四周高中央低的空间则具有离心、扩散和向外延伸的感觉。一般

图2-36　科隆大教堂

当中间高两侧低的两坡落水空间（或筒形拱空间），往往具有沿纵轴方向内聚的感觉（图2-37）；反之，中间低两侧高的空间则具有沿纵轴向外扩散的感觉。弯曲、弧形或环状的空间，可以产生一种导向感，诱导人们沿着空间轴线的方向前进（图2-38）。

（三）室内空间的虚实关系

一个房间如果皆诸四壁，势必会使人产生封闭、阻塞、沉闷的感觉；相反，四面凌空，则会使人感到开敞、明快、通透。在建筑空间中，虚与实是相辅相成的既相互对比，又相互依存。"实"而不"虚"，会使人感到闭塞；但只"虚"而不"实"，尽管开敞，处在这样的空间中犹如置身室外，使人缺乏安全感，而没有私密性。因而对于大多数建筑来讲，总是把"实"与"虚"这两种互相对立的因素统一起来考虑，我国的传统建筑在这方面为我们提供了丰富的经验。

一个房间究竟以"实"为主，还是以"虚"为主，这要依房间的功能和结构形式而定。例如，西方古典建筑，由于采用砖石结构，开窗的面积受到严格的限制，室内空间一般都比较封闭，特别是某些宗教建筑，为了造成庄严、神秘的气氛，多采用封闭的空间形式。我国的传统建筑由于采用木架构结构，开窗比较自由，这就为灵活处理空间的虚、实关系创造了极为有利的条件（图2-39）。

图2-37 弧形空间产生内聚感

图2-38 弧形的回廊产生很强的空间诱导性

图2-39 传统民居空间中充满灵活性和可变性

虚、实的处理与环境、朝向的关系十分密切，凡是朝向和环境好的一面，应当争取处理得"虚"一些，朝向和环境不好的一面，则应当处理得"实"一些。我国的传统建筑，除少数园林建筑为求得良好的景观而采取四面透空的形式外，绝大多数建筑采取三面实、一面虚的形式：即将朝南的一面大面积开窗，而将东、西、北三面处理成实墙的形式。现代建筑中的围、透关系一般都会处理得比较巧妙，特别是把对着风景优美的一面处理得既开敞又通透，从而将大自然的景色引进室内。凡是实的墙面，都因遮挡视线而产生阻塞感；凡是透空的部分都因视线可以穿透而吸引人的注意力。利用这一特点，通过虚实关系的处理，可以有意识地把人的注意力吸引到某个确定的方向（图2-40）。

（四）室内空间的分隔

任何一个建筑空间都是由许多不同功能的部分组成的，即使是功能单一的空间，因人在其中的活动不同，也需要把空间划分为不同的区域。这种划分有时是明确的，有时则是模糊的；有时是封闭的、私密性的，有时是开敞的、集体共享的，这就构成了不同的空间形式。空间分隔的依据是人的活动性质，不同的活动内容需要不同的空间范围和形式。我们所称的封闭空间、流动空间、开敞空间、共享空间、虚拟空间等，都是依据各种不同的功能来决定的。空间的分隔大致可以从以下几个方面来考虑。

1. 利用结构组件来分隔空间

所谓结构组件主要是指梁、板、柱等建筑构件，它们从水平、垂直两个方面起到分隔空间的作用。这里的结构组件不仅是指建筑本身的结构体系，也指在一个给定的空间中，需要对其进行重新划分时而再次设置的装修结构系统。此外，这里的"利用"二字，也包含巧妙地利用原有建筑的结构处理空间的划分问题。例如，在中国香港迪士尼乐园好莱坞酒店大堂中，休息区和服务台接待区同在一个空间里，在功能分区时，利用空间中的一排结构柱，结合天花和照明的设计，把两个区域划分开来（图2-41）。

在做展示空间的室内设计时，经常遇到的问题是如何把柱子与陈列的展品有机地结合在一起，使它成为展示构架中的一个

图2-40　北京香山饭店四季厅　　　　　图2-41　中国香港迪士尼乐园好莱坞酒店大堂

有效因素而"消失"在展示空间的空间里（图2-42）。通常的做法是在柱网中将它们与陈列架、橱窗结合在一起。

另外，利用结构或吊顶的高差、悬吊的顶板、构件或设备分隔空间，调节空间的高度，在大空间中形成相对较小的领域感，也可以获得丰富的视觉效果（图2-43）。

2. 利用隔断分隔空间

隔断包括隔断墙、隔扇、屏风、帷幔等。在开敞式的现代办公环境中，经常采用家具与矮隔断相结合的方式来分配员工的工作区域，其目的在于使集体办公具有一定的公开性，便于管理者了解每个员工的工作状态，这样的分隔也可以节省很多建设投资，同时，管理者和员工之间也便于沟通，以提高工作效率（图2-44）。

利用隔扇、花罩（图2-45）分隔空间是我国传统建筑经常采用的手法，既有很好的装饰效果，又可以把空间划分成不同的区域，并保持空间的通透性，具有空灵、优雅的气质。

利用矮隔墙或隔墙的片断分隔空间，最大限度地保持室内空间的流动性，是现代建筑的创举，给室内空间带来了明朗、活泼、富有生机的气息。密斯·凡·德·罗就采用了这种方法，使不同的空间相互融通，他设计的图根哈特别墅，其室内空间的分隔就突出了这种特点。

图2-42　丹麦奥尔堡博物馆展厅

图2-44　开敞现代办公环境

图2-43　芬兰阿尔托大学图书馆

图2-45　河北承德避暑山庄如意洲延薰山馆落地罩

在某些情况下，利用帷幔分隔空间，也会起到很好的效果，在有些室内空间中使用纺织品分隔空间，形成一种若隐若现的感觉（图2-46）。织物也可以自顶部呈波浪形垂挂下来，人好像坐在帐篷下面，有一种温馨的情调。

3. 利用绿化、景观等分隔空间

通过设置花池、水体、雕塑等景观对室内空间进行分隔。可以使室内环境洋溢出自然的气息。这种手法经常采用在宾馆、饭店、办公楼大堂的休闲区，为在此等候的客人提供一个轻松、幽雅、令人愉快的环境（图2-47）。

（五）室内界面的造型处理

空间是由面围合而成的，一般的建筑空间多呈六面体，由天花、地面、墙面组成，处理好这三个要素，不仅可以赋予空间以特性，而且有助于增强它的完整统一性。

1. 天花

天花和地面是形成空间的两个水平面，天花作为空间的顶界面，最能反映空间的形状及关系（图2-48）。有些建筑空间单纯依

靠墙或柱，很难明确地界定出空间的形状、范围以及各部分空间之间的关系，但通过天花的处理则可以使这些关系明确起来。另外，通过天花处理还可以达到建立秩序，克服凌乱、散漫，分清主从，突出重点等多种目的。通过天花处理来加强重点和区分主从关系的例子很多。在一些设置柱子的大厅中，空间往往被分隔成为若干部分，这些部分本身可能因为大小不同而呈现出一定的主从关系。若在天花处理上再做相应的处理，这种关系则可以得到进一步加强。处于建筑空间上部的天花，特别引人注目，透视感也

图2-47　绿色植物起到围合空间的作用

图2-46　利用织物帘子来划分空间

图2-48　北京钓鱼台国宾馆芳菲苑贵宾接待室

十分强烈。利用这一特点，通过不同的处理，可以加强空间的博大感和深远感。

天花的处理总是与照明的设计联系在一起的，因此，考虑天花设计方案时，必须同时确定照明方式。有关照明设计的问题，将在后文详加论述。

2. 地面

由于有家具、设备和人的活动，并且人在室内的视高总是有限的，因而地面显露的程度并不多。从这个意义上讲，地面给人视觉上的影响要比天花小一些。地面多用不同色彩的大理石、花岗石、毛石、地砖、水磨石、木质地板等进行铺装，有时在必要的地方拼成图案，以起装饰作用。地面图案设计大体上可以分为三种类型：一是强调图案本身的独立性和完整性；二是强调图案的连续性和韵律感；三是强调图案的抽象性。第一种类型的图案不仅具有明确的几何形状和边框，还具有独立完整的构图形式。这种类型很像地毯图案，和古典建筑所具有的严谨的几何形平面布局协调一致（图2-49）。

近现代建筑的平面布局较自由、灵活，一般比较适合于采用第二种类型的图案。这种图案比较简洁、活泼，可以无限地延伸扩展，又没有固定的边框和轮廓，因而其适应性较强，可以与各种形状的平面相协调（图2-50）。国外有些建筑，采用抽象图案来做地面装饰，这种形式的图案虽然要比地毯式图案的构图自由、活泼一些，但要想取得良好的效果，则必须根据建筑平面的特点来考虑其构图和色彩，只有使之与特定的平面形状相协调一致，才能求得整体的完整统一。

为了适应不同的功能要求，可以将地面

图2-49　罗马圣彼得大教堂地面的图案　　　　图2-50　吉隆坡双子塔中庭地面铺装

处理成不同的标高，巧妙地利用地面高差的变化会取得良好的效果。

3. 墙面

墙面也是构成空间的要素之一。墙面作为空间的垂直界面，对人视觉的影响是至关重要的（图2-51）。在墙面处理中，大至门窗，小至灯具、通风孔洞、线脚、细部装饰等，只有作为整体的一部分，互相有机地联系在一起，才能获得完整统一的效果。墙面的处理应根据每一面墙的特点确定其方法，有的以虚为主，虚中有实；有的以实为主，实中有虚；应尽量避免虚实各半、平均分布的处理方法。在墙面处理上，还应当避免把门、窗等孔洞当作一种孤立的要素来对待，而应力求把门、窗组织成为一个整体。例如，把它们纳入竖向分隔或横向分隔的体系中，既可以削弱其孤立性，同时也有助于建立起一种秩序。在一般情况下，低矮的墙面多适合于采用竖向分隔的方法；高耸的墙面多适合于采用横向分隔的方法。横向分隔的墙面通常具有安定的感觉，竖向分隔的墙面则可使人产生兴奋的情绪。

除虚实对比外，利用窗与墙面的重复、交替凸现，还可以产生韵律感。特别是将大、小窗洞相间排列，或每两个窗成双成对地排列时，这种韵律感就更为强烈。通过墙面处理还应当正确地显示出空间的尺度感，也就是使门、窗以及其他依附于墙面上的各种要素，都具有合适的大小和尺寸。

（六）界面质感的处理

室内空间的墙面、地面、天花都是由各种装修材料做成的，不同材料不仅具有不同的色彩，而且具有不同的质感。因此，应当选择适当的材料，以期借质感的对比和变化取得良好的效果。和室外空间相比，室内空间与人的关系要密切得多。在视觉方面，人们可以清楚地看到它细微的纹理变化；在触觉方面，伸手则可以抚摸它。因而就建筑材料的质感来讲，室外装修材料的质地可以粗糙一些，简单一些；而室内装修材料则应当细腻一些、丰富一些（图2-52）。

图2-51　广州长隆酒店总服务台

图2-52　中国香港四季酒店客房

室内装饰材料的选用应与室内的功能和环境的特点相一致。不同的室内功能，对界面的材料有不同的要求。一些对声学效果有要求的室内环境中，如电影院、剧场、音乐厅等，需要根据不同的声学要求进行不同的设计，地面、墙面和吊顶等界面根据需要使用不同的材料，在需要声音反射的地方，使用石材、木材等硬质材料，在不需要声音反射的地方使用纺织品或多孔吸音材料。在这种情况下，既要满足室内空间的声学要求，又要满足美观的需要，因此正确地处理材料的质感和搭配就显得特别重要。

在一些娱乐场所，为了增加环境对观众的吸引力，室内界面的处理就具有主导性的意义。这时，界面的修饰不再是一种环境的陪衬，而上升为一种营造环境氛围的重要手段，在一些类似歌舞厅这样的娱乐场所一般都会采用这样的设计手法，墙面和地面均可以打破常规，使用一些光怪陆离的材料，增加空间中的复杂性和不确定性，使整个环境洋溢出娱乐环境的气氛。

有时为了取得材质的对比，室内装修也选用一些比较粗糙的材料，但面积不宜太大。在现代居住空间、办公场所、娱乐空间和公共空间等，常在某些局部界面使用肌理粗糙的材料，再配上侧向投光，使粗糙的墙面更加具有立体感。这种手法可以使单调、呆板的环境洋溢出自然、粗粝的效果，使人与自然的接触变得真切而直接（图2-53）。

图2-53　粗糙的墙面在室内给人一种别样的感觉

二、室内空间的处理手法

（一）空间的对比与变化

两个毗邻的空间，如果在某一方面呈现出明显的差异，借这种差异的对比作用，可以反衬出各自的特点，从而使人们从这一空间进入另一空间时产生情绪上的快感。空间的差异和对比作用通常表现在以下四个方面。

1. 体量的对比

相毗邻的两个空间，若体量相差悬殊，当由小空间进入大空间时，可借体量对比使人的精神为之一振。我国古典园林建筑所采用的"欲扬先抑"的手法，实际上就是借大、小空间的对比而获得丰富空间感的范例。其中最常见的形式是在通往主体大空间的前部，有意识地安排一个较小或较低的空间，通过这种空间时，人们的视野被压缩，一旦走进高大的立体空间，视野突然开阔，从而引起心理和情绪上的变化。在梵蒂冈博物馆，在对一个螺旋形上升坡道空间的处理中，形式上充分运用了对比的手法——螺旋形坡道的半径由大到小，逐渐上升，同时向上收缩。沿着坡道上行到最上面，就像从井底到了地面上，空间豁然开朗，别有洞天。空间在这里逐渐被压缩，然后又突然被释放。这种处理方式增加了空间的矛盾性和复杂性：人们从下向上走，似乎在不断攀升，视角不断变换，使人真实自然地体验着空间变幻不定的新奇感（图2-54）。

2. 开敞与封闭的对比

就室内空间而言，封闭的空间是指不开洞或少开洞的空间，开敞的空间指多开洞或开大洞的空间。前一种空间一般较暗淡，与外界较隔绝；后一种空间较明朗，与外界的关系较密切。很明显，当人们从前一种空间走进后一种空间时，必然会因为强烈的对比作用而感到豁然开朗（图2-55）。

3. 不同形状的空间对比

不同形状的空间之间也会形成对比作用，不过较前两种形式的对比，对于人们心理上的影响要小一些，但通过这种对比

至少可以达到求得变化、破除单调的目的。然而，空间的形状往往与功能有着密切的联系，因此，必须考虑功能的特点，并在功能允许的条件下适当地变换空间的形状，借助空间形状之间的对比关系以求得变化（图2-56）。

4. 不同方向的对比

建筑空间出于功能和结构因素的制约，多呈矩形平面的长方体，若把这些长方体空间纵、横交替地组合在一起，常可借其方向

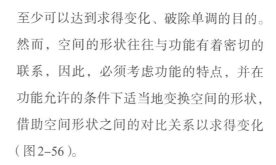

图2-55　开敞的室内空间

图2-54　梵蒂冈的博物馆中的螺旋形坡道

图2-56　东京国家艺术中心

的改变而产生对比作用，利用这种对比作用也有助于破除单调而求得变化。

（二）空间的重复与秩序

在统一的整体中，对比可以打破单调，求得变化，而重复与秩序则可增强形式的统一感。过多的重复可能使人感到单调，但这并不意味着重复必然导致单调。就像在音乐中，通常都是借某个旋律的重复而形成主旋律，这不仅不会产生单调感，反而有助于整个乐曲的统一和谐。建筑空间也是这样。把对比与重复两种手法结合在一起，就能获得较好的效果。例如，北京钓鱼台国宾馆芳菲苑大堂的侧厅，利用大小基本相同空间的重复，不仅强化了秩序化空间结构的美感，也通过形式上的变化和对比，丰富了室内的空间感和秩序感（图2-57）。

同一种形式的空间，如果连续多次或有规律地重复出现，可以形成节奏和秩序。哥特式教堂中央部分通廊，就是由于不断地重复采用同一种形式——由拱肋结构的屋顶所覆盖的长方形空间，而获得优美的韵律感（图2-58）。

在室内界面的处理上重复地运用同一主题并将其按一定的规律进行排列组合，可以强化秩序感，使主题更加突出。这种手法在历史上常应用于某些举行仪式的正式场合。

重复并不只是对单个式样的简单排列，为了获得整体上的变化与统一，有时人们将某一秩序与另一秩序进行组合，衍生出新的形式体系。在罗马圣彼得大教堂中，罗马人的建筑语言与希腊人的建筑语言，在这里融合为一个整体。柱式与拱券、穹窿的结合，丰富了古典柱式的表现力（图2-59）。

图2-58　佛罗伦萨某个教堂的内景

图2-57　北京钓鱼台国宾馆芳菲苑大堂的侧厅

图2-59　罗马圣彼得大教堂

（三）空间的衔接与过渡

两个空间如果以简单的方法直接连通，常常会使人感到生硬，倘若在两个空间之间插进一个过渡性的空间（如过厅），它就能够像音乐中的休止符或语言文字中的标点符号一样，使段落分明并且具有抑扬顿挫的节奏感。

过渡性空间本身没有特殊的功能要求，尽可能小一些、低一些、暗一些，充分发挥它在空间处理上的过渡作用。当人们从一个空间走到另一个空间时，经历由大到小、由小到大，由高到低，再由低到高，由亮到暗、再由暗到亮这样一些过程，从而在人们的记忆中留下深刻的印象。

过渡性空间的设置，在多数情况下应当利用辅助性房间或休息厅、走廊等空间，把它们巧妙地插进去，这样既节省面积，又能保证大厅的完整性。另外，从结构方面讲，两个大空间之间往往在柱网的排列上需要保留适当的间隙，以作沉降缝或伸缩缝之用。巧妙地利用这些间隙设置过渡性空间，可使结构体系的段落更加分明。过渡空间通常具有一定的指示功能，是被提示空间的标志。因此，在形式的处理上，往往使用某些符号语言，使过渡空间与主体空间产生语义上的交流（图2-60）。

过渡性空间的形式是多种多样的。它可以是过厅，但在很多情况下，特别是在近现代建筑中，通常不处理成厅的形式，而只是借压低某一部分空间的方法，来起到空间过渡的作用。此外，内、外空间之间也存在着一个衔接与过渡的处理问题。建筑物的内部空间总是和自然界的外部空间保持着互相连通的关系，当人们从外界进入建筑内部空间时，为了不致产生过分突然的感觉，总是设置一个过渡性空间，通过它将人很自然地从室外引入室内。

（四）空间的渗透与层次

两个相邻的空间，如果在分隔的时候，不是采用实体的墙面将两者完全隔绝，而是有意识地使之互相连通，可使两个空间彼此渗透，从而增强空间的层次感。中国古典园林建筑中"借景"手法，就是一种空间的渗透。"借"就是把彼处的景物通过花窗引到此处来，使人的视线能够越出屏障，由这一空间而及于另一空间或更远的地方，从而获得层次丰富的景观。

西方古典建筑由于采用砖石结构，一般都比较封闭，各个房间多呈六面体的空间形式，彼此之间界限分明，从视觉上讲也少有连通的可能，因此，利用空间渗透获得层次变化的实例并不多。近现代建筑由于技术、材料的进步和发展，特别是由于以框架结构来取代砖石结构，为自由灵活地分隔空间创

图2-60　巴黎奥赛博物馆中的过渡空间

造了极为有利的条件，凭借这种条件，从根本上改变了古典建筑空间组合的概念——对空间进行自由灵活的"分隔"，呈现出极其丰富的层次变化。所谓"流动空间"正是对这种空间所做的一种形象概括。

在这个基础上逐步发展起来的现代建筑，更是把空间的渗透和层次变化当作一种目标来追求，不仅利用灵活隔断使室内空间互相渗透，还通过大面积的玻璃窗使室内外空间互相渗透（图2-61）。我国传统建筑语言中的"借景"手法在现代建筑中也不断被采用着。

在我国的传统建筑中，十分重视利用空间的相互渗透来增强层次感，特别是古典园林建筑和传统民居的一些处理手法，如以透空的隔扇、屏风、博古架（图2-62）等来分隔空间，从而使被分隔的空间保持一定的连通关系。

在气候条件允许的情况下，将室内与室外空间作为一个整体来考虑，使其分而不离，隔而不断，这样做可以增进建筑与环境和人们生活的亲和力。例如，在海南三亚利兹卡尔顿酒店的空间处理中，将室内空间与外廊和庭院空间相互连通，渗透交融，既能适应当地的气候条件，又能丰富空间的层次感和表现力（图2-63）。

图2-61　北京大兴国际机场内庭院

图2-62　利用博古架来分隔空间

图2-63　海南三亚利兹卡尔顿酒店

（五）空间的引导与暗示

某些建筑由于功能、地形或其他条件的限制，可能会使某些比较重要的公共活动空间所处的位置不够明显、突出，以致不易被人们发现。在设计过程中，也可能有意识地把某些"亮点"置于比较隐蔽的地方，避免开门见山，一览无余。无论是哪一种情况，都需要采取措施，对人流加以引导或暗示，使人们可以循着一定的途径达到预定目标。

作为一种处理手法，空间的引导与暗示依具体条件不同而千变万化，但归纳起来不外乎有以下几种途径：

（1）以弯曲的墙面将人流引向某个确定方向，并暗示另一空间的存在。这种处理手法是以人的心理特点和人流自然趋向于曲线形式为依据的。一条弯曲的墙面，自然有一种诱导感，它将人们引导至某个确定的目标（图2-64）。

（2）利用特殊形式的楼梯或特意设置的踏步，暗示出上一层或下一层空间的存在。楼梯、踏步通常都具有一种引人向上或向下的诱导力（图2-65）。

（3）利用天花、地面处理，暗示出前进

图2-65　慕尼黑现代艺术博物馆内的大台阶起到引导的作用

的方向。通过天花的造型或地面拼花处理，形成具有强烈方向性或连续性的秩序，从而影响人前进的方向。有意识地利用这种手法，有助于将人流引导至某个确定的目标。

（4）利用空间的灵活分隔，暗示出另一些空间的存在。作为一种透空的界面，隔断总是在人的视觉和心理上产生诱导作用。利用这种心理状态。有意识地使处于这一空间的人感觉到另一空间的存在，可以把人由此空间引导至彼空间。当然，在实际工作中，它们既可以单独使用，又可以互相配合起来共同发挥作用，不可生搬硬套。

？

思考与练习

1. 怎样理解室内空间与功能的关系？

2. 建筑空间的结构类型有哪几种？

3. 室内空间设计有哪些手法？怎样在室内设计中运用这些手法？

图2-64　罗马21世纪艺术博物馆

第三章

室内光环境设计

太阳是我们人类取之不尽的能量源泉，它以无尽的光和热哺育大地，它不仅照亮了这个我们生存在其中的整个世界，也照亮了我们工作、生活、栖居在其中的建筑空间（图3-1）。太阳光随着时间和季节的变化而变化。日光将变化的天空色彩、云层和气候投射到它所照亮的表面和形体上去。由于建筑物墙体的遮挡，使得内部空间的采光成为环境设计中的一个重要课题。

阳光通过我们在墙面设置的窗户或者屋顶的天窗进入室内，投落在房间的表面，使色彩增辉，质感明朗（图3-2），使得我们可以清楚、明确地识别物体的形状和色彩。由于太阳朝升夕落而产生的光影变化，又使房间内的空间活跃且富于变化。阳光的强度在房间里不同角度形成均匀的扩散，可以使室内物体清晰，也可使形体失真；可以创造明媚亮丽的气氛，也可以由于阴天光照不好形成阴沉昏暗的效果，因而在具体设计中，我们必须针对具体情况进行调整和改进。

阳光的明度是相对稳定的，它的方位也是可以预知的，阳光在房间的表面和形体的视觉效果取决于我们对房间采光的设计，即窗户、天窗的尺寸、位置和朝向（图3-3）。另外，我们对太阳光的利用却是有限的，在太阳落下去之后，我们就需要运用人工的方法来获得光明。在获得这个光明的过程中，人类做出的努力，要远比直接摄取太阳光付出的代价大得多。从在自然界中获取火种，到钻木取火、发明火石和火柴，直到获得电源，这段历程可谓漫长而曲折，最终，电源给人类带来了持久稳定的光明，并使得今天的人类一刻也离不开电源。因此，我们把光环境的构成，分作自然采光下的光环境和人工采光状态下的光环境以及二者的结合这三大类。

图3-1　洛杉矶盖蒂艺术中心门厅

图3-2　清华大学图书馆新馆内景

图3-3　丹麦奥尔堡伍重中心报告厅

第一节

光的利用与控制

可见光辐射的波长范围是380～780nm，眼睛对不同波长的可见光会产生不同的颜色感觉。一般光源，如天然光和白炽灯光源是由不同波长的光组成的，这种光源称为多色光源或复合光源。有的光源如钠灯，只发射波长为583nm的黄色光，这种光源称为单色光源。

在建筑光学中，通常用光通量、发光强度、照度、亮度等参数表示光源和受照面的光学特性；用光影深浅、立体感强弱表示建筑物表面和被观察物体的亮度差别；用吸收、反射、折射、散射、偏振等来表示光线由一种介质进入另一种介质（如空气、液体和固体）时的变化规律；用光谱、亮度、色度表示光源色和物体色的基本特性。建筑采光和照明技术就是根据建筑物的功能和艺术要求，利用上述光、影、色的基本特性，来创造良好的光环境。不同的建筑功能和艺术要求对采光和照明技术的要求不一样。

光的视觉特性与采光、照明条件和视觉效能的发挥有着直接的关系，它主要表现在以下两个方面。

一、视觉效能

眼睛完成视觉工作的能力称为视觉效能，通常用亮度和颜色对比、对比灵敏度、视敏度和视感受速度进行评价。眼睛能够识别背景上的物体，主要依赖于物体与背景的亮度差别和颜色差别，即亮度与颜色对比。眼睛所能辨别的物体与背景的最小亮度差，称为临界亮度差；临界亮度差与背景亮度之比为临界对比，用临界对比的倒数来评价眼睛辨别最小对比的能力称为对比灵敏度；视敏度是眼睛辨别两个相邻物体的视角间隔的倒数，视敏度也是视力的倒数；视感受速度是眼睛感受形象所需要的最少时间的倒数。

二、光线的利用与控制

室内光环境设计的两个主要任务是光线

图3-4　日光在墙面上形成丰富的光影变化

的利用与控制。所谓光线的利用，是指如何将自然光引入室内，以何种形式获得适当的日间采光；所谓控制，是指在日光无法发挥作用的条件下，如何为室内提供合乎功能要求的照明，这两个任务既有区别，又有联系。

（一）采光与照明

在环境设计中，天然光的利用称为采光（图3-4），而利用现代的光照明技术手段来达到我们目的的称为照明。阳光是最适合人类活动的光线，而且人眼对日光的适应性最好，太阳光又是最直接、最方便的光源，因此，自然光即日光的摄取成为建筑采光的首要课题。此外，我们还可以通过人工方法得到光源，即通过照明达到改善或增加照度提高照明质量的目的。人工采光是当下建筑室内环境中的主要光线来源，比起自然光来更容易控制和调节。人工采光可用在任何需要增强改善照明环境的地方，从而达到各种功能上和气氛上的要求（图3-5）。

室内一般以照明为主，但自然采光也是必不可少的。利用自然光是一种节约能源和保护环境的重要手段，而且自然光更符合人

图3-5　新加坡圣淘沙节日酒店大堂

的心理和生理需要，从长远的角度看还可以保障人体的健康。将适当的日光引入室内照明，并且能让人透过窗子看到窗外的景物，是保证人的工作效率、身心舒适满意的重要条件。同时，充分利用自然光更能满足人接近自然、与自然交流的心理需要。

（二）明亮程度

"明亮"或"黑暗"是日常的用语，在室内环境中，其意义由于具体情况的不同而有不同的含义。例如，读书或者缝纫时，要有一定程度的光照度才合适；而房间过于明亮也会有令人不适的感觉。因此，从光源所发出的光量（发光强度）以及从墙壁、顶棚等各个表面上反射回来的光量达到何种程度最为合适是室内设计中的一个主要问题。

要提高照度，可以通过使用大功率光源、增加灯具数量、利用直射日光等方法实现。但是，这时进入视野的各个面（包括灯具、窗户等）的亮度却有显著的差别。照度越高，越容易看清对象，但所视对象与周围环境的亮度比超过1：3～1：5时，所视对象就难以辨认，且容易疲劳。在太阳直射下之所以不能看书，即是因为亮度明显不平衡，会损伤眼机能的缘故。

另外，如果在一部分视野中存在着极高的亮度，其他部分就会变得很难看清楚，从而引起不舒适的感觉，我们将这种现象称为眩光。通过灯具、窗户等直接进入视野的光而产生的眩光情况自不用说，有光泽的桌面、家具的玻璃面等的反射光源，也会产生眩光。

光照的现象大致可分为两类，方向性强的光（如直射日光、白炽灯光）和漫射性强的光（有云的天空光、有漫射性特征的灯光、来自室内各界面的反射光等）。直射日光可以提供十分充足的光量，但方向性非常强，一天之中的变化也非常大，把它作为光源引进室内的工作面，并不能获得所期望的光照，而要进行一些必要的处理。遮挡和利用直射日光，这对于室内热环境的调整也有很大的作用。对一般的光来说，方向性强的光与漫射性强的光是并存的。方向性强的光会造成明显的阴影，显示出物体的凹凸，给人稳固的感觉；而漫射性强的光则给人以柔和的感觉，物体看起来比较平，深度感不强。

第二节

自然采光

自然光源有直射日光和天空光之别，直射日光作为直接光源是不适当的。天空光是充分扩散的光，与直射光相比其亮度的变化较小。当然，它也随季节、气候、时刻（太阳高度）的变化而变化。如果室内各项条件固定，则其比值可以作为室内采光的指标来应用。这个比值用百分比来表示，称为采光系数。采光系数并不由天气所左右，而是一个根据窗的大小、玻璃的种类、窗外遮挡物的状况、室内装修材料的反射系数等发生变化的量。在采光面上，即使接受到同等数量的光，因玻璃种类的不同，室内的采光系数也会不同，工作面上的照度分布也不同。窗面积越大，采光越有利，但夏天的受热量也会变大，对热环境的控制很不利。另外，即使相同的窗面积，设在高处时，室内采光系数大，受到障碍物的影响小。天窗就是这样，由于受到相邻建筑物的影响小，可以提高水平面上（地面或工作面）的采光系数，且照度分布也比较均匀。但是，天窗只能设在顶层，防雨、修缮、开闭都很不方便，对于眺望、隔热、通风也很不利，所以一般多采用侧窗。根据房间的使用目的，侧窗与天窗、自然采光与人工照明可以相互配合使用，不仅可以改善采光条件，还可以给室内的整体形象带来许多变化（图3-6）。

另外，多变的自然光又是表现建筑艺术造型、材料质感，渲染室内环境的重要手段。所以，无论从环境的实用性还是美观的角度，都要求设计师对昼光进行充分的利用，掌握设计天然光的知识和技巧。早在古人学会建造房屋时，他们就掌握了在墙壁和屋顶上开洞利用天然光照明。近现代的著名建筑师，如弗兰克·劳埃德·赖特、路易斯·康（图3-7）、埃罗·沙里宁、贝聿铭、安藤忠雄（图3-8）等人的作品，都充分地运用了昼光照明并渲染环境气氛。

一、洞口的设置

在建筑物的界面上，通过各种类型的开

图3-7　金贝尔美术馆的室内环境　路易斯·康

图3-6　丹麦奥尔堡博物馆展厅

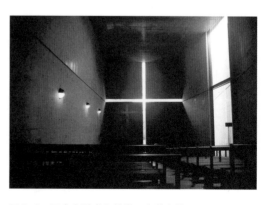

图3-8　日本大阪光之教堂　安藤忠雄

洞方式将日光引入室内。开洞方式主要有天窗（水平方向的）和侧窗（垂直方向的）两类。绝大多数建筑物都采用侧窗的形式，只有少数特殊功能要求的建筑开天窗。侧窗有单向、双向之别和部位的变化，天窗也有多种形式，不同的开窗形式其光照的效果也各不相同。

洞口的朝向一般设在一天中某些能接受直接光线的方向上，直射光可以接受充足的光线，特别是中午时分，直射光可以在室内形成非常强烈的光影变化，但是直射光也容易引起眩光、局部过热，以及导致眼睛在辨别物体时发生困难等缺点；强烈的直射光还易使室内墙面及织物等褪色，或产生光变反应。要解决这些问题，我们就要因势利导，充分发挥直射光的长处，以弥补它的不足。例如，利用直射光是变化和运动的特点，来表现和强调元素的造型、表面的肌理等，以及用来渲染环境的氛围。

洞口也可以避开直射光开在屋顶，接受天穹漫射的不太强烈的光线，这种天光是一个非常稳定的日光源，甚至阴天仍然稳定，而且有助于缓和直射光，以平衡空间中的照射水平（图3-9）。有些工厂的厂房和对光有特殊需要的展厅、教室中，都会采用天窗这种形式。常用的天窗形式有矩形、M形、锯齿形、横向下沉式、横向非下沉式、天井式、平天窗以及日光斗等（图3-10）。

二、天然光的调节与控制

洞口的位置将影响到光线进入室内的方式和照亮形体及其表面的方式。当整个洞口位于墙面之中时，洞口将在较暗的墙面上呈现为一个亮点，若洞口亮度与沿其周围的暗面对比十分强烈时，就会产生眩光。眩光是由房间内相邻表面或面积的过强亮度对比引起的，这是可以通过允许日光从至少两个方向进入来加以改善。

当一个洞口沿墙的边缘布置，或者布置

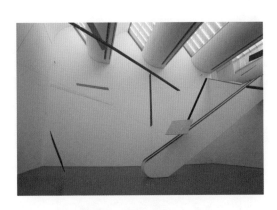

图3-9　慕尼黑路德维希博物馆展厅采光设计

图3-10　瑞士苏黎世大学教学楼中庭

在一个房间的转角时，通过洞口进入的日光将照亮相邻的和垂直于开洞的面。照亮的表面本身将成为一个光源，并增强空间中的光亮程度。另外，洞口的形状和组合效果等，会影响进入房间光线的质量，其综合效果反映在它投射到墙面上的隐形图案里。洞口透光材料及不同角度格片的设置也会影响室内的照度。而这些表面的色彩和质感将影响光线的反射性，并会对空间的光亮程度进行调整。

为了提高室内的光照强度，控制光线的质量，可以在采光口设置各种反射、折光等调整装置，以控制和调整光线，使之更加充分、更加完善地为我们所用。在设计中，常见调节和控制光照的方式有以下几种。

（1）利用透光材料本身的反射、扩散和折射性能控制光线。

（2）利用遮阳板、遮光百叶（图3-11）、遮光格栅的角度改变光线的方向、避免直射阳光。

（3）利用雨罩、阳台或地面的反射光增加室内照度。

（4）利用反射板增加室内照度。

（5）利用对面及邻近建筑物的反射光。

（6）利用遮阳格栅或玻璃砖的折射以调整室内光照的均匀度。

（7）利用特殊的控光设施来调控进入室内的光亮（图3-12）。

图3-11　用遮光百叶来调节日照

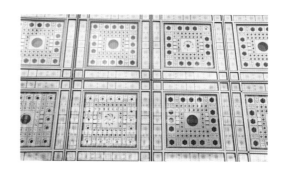

图3-12　阿拉伯世界研究中心智能调控的窗格

第三节

人工照明

一、人工照明的概念

通过人工方法得到光源，并利用其照明达到改善或增加照度提高照明质量的目的，称为人工照明或照明。照明可用在任何需要增强改善照明环境的地方，从而达到各种功能上和气氛上的要求。

二、照明要求的适当照度

根据不同时间、地点，不同的活动性质及环境视觉条件，确定照度标准。这些照度标准，是长期实践和实验得到的科学数据。

（一）光的分布

主照明面的亮度可能是形成室内气氛的焦点，因而要予以强调和突出。工作面的照明、亮度要符合用眼卫生要求，还要与周围相协调，不能有过大的对比（图3-13）。同时要考虑到主体与背景之间的亮度与色度的比值。

工作对象与周围之间（如书与桌）为3∶1；工作对象与离开它的表面之间（如书与地面或墙面）为5∶1；照明器具或窗与其附近为10∶1；在普通的视野内为30∶1。

（二）光的方向性与扩散性

一般需要表现有明显阴影和光泽要求的物体的照明，应选择有指示性的光源，而为了得到无阴影的照明，则要选择扩散性的光源（图3-14），如主灯照明。

图3-13 赫尔辛基基阿斯玛现代艺术博物馆中的餐厅

（三）避免眩光现象

产生眩光的可能性很多，如眼睛长时间处于暗处时，越看亮处越容易感到眩光现象，这种情况多出现在比赛场馆中，可加亮观众席来改善此现象。在视线为中心30°角的范围内是一个眩光区，视线离光源越近，眩光越严重。光源面积越大，眩光越显著。如果发生眩光，可采用两种方法降低眩光的程度，其一是使光源位置避开高亮光进入视线的高度；其二是使照明器具与人的距离拉远。再有就是由于地面或墙面等界面采用的是高光泽的装饰材料，即高反射值材料，也容易产生眩光，这时可考虑采用无光泽材料。

（四）光色效果及心理反应

不同的场所对光源要求有所不同，因而在使用上应针对具体情况进行调整和选择，以达到不同功能环境中满意的照明效果。

图3-14 利用发光顶棚创造一种光线柔和的环境

三、光色的种类

（一）暖色光

在展示窗和商业照明中常采用暖光与日光型相结合的照明形式，如餐饮业中多以暖光为主，因为暖色光能使食物的颜色显得好看，刺激人的食欲，并使室内气氛显得温暖；酒店客房与住宅（图3-15）也多为暖光与日光型结合的照明。

图3-15　宾馆客房

（二）冷色光

由于冷色光源的光通量大，且易控制配光，所以常做大面积照明用，但必须与暖色光结合才能达到理想的效果（图3-16）。

（三）日光型

日光型光源显色性好，露出的亮度较低，眩光小，适合于要求辨别颜色和一般照明使用，若要形成良好气氛，常需与暖光配合（图3-17）。

（四）颜色光源

通常由惰性气体填充的灯管会发出不同颜色的光，即常用的霓虹灯管，另外还可以是照明器外罩的颜色形成的不同颜色的光。常用于商业和娱乐性场所的效果照明和装饰照明。

图3-16　冷色光环境

四、照明的作用

照明是用灯具来给空间提供光源，除了这个基本功能以外，它还在空间中起到其他的作用，总结起来，有以下几个方面。

（一）调节作用

室内空间是由界面围合而成的，人对空

图3-17　日光型光环境

间的感受受到各界面的形状、色彩、比例、质感等的影响，因而人的空间感与客观的空间有着一定的区别。照明在空间的塑造中起着相当大的作用，同时它还可以调节人们对空间的感受。也可以通过灯光设计来丰富和改善空间的效果，以弥补存在的缺陷。运用人工光的抑扬、隐现、虚实、动静以及控制投光角度与范围，以建立光的构图、秩序、节奏等手法，可以改善空间的比例，增加空间的层次。例如，空间的顶界面过高或过低，可以通过选用吊灯或吸顶灯来进行调整，以改变视觉的感受（图3-18）。顶界面过于单调平淡，也可以在灯具的布置上合理安排，丰富层次；顶面与墙面的衔接太生

硬，同样可以用灯具来调整，以柔和交接线。界面的不合适的比例，也可以用灯光的分散、组合、强调、减弱等手法，改变视觉印象。用灯光还可以突出或者削弱某个地方。例如，人们常用发光舞台来强调、突出舞台，起到视觉中心的作用。

灯光的调节并不限于对界面的作用，对整个空间同样有着相当的调节作用。所以，灯光的布置并不仅仅是提供光照的用途，而且照明方式、灯具种类、光的颜色还可以影响空间感。如直接照明，灯光较强，可以给人明亮、紧凑的感觉；相反，间接照明，光线柔和，光线经墙、顶等反射回来，容易使空间开阔。暗设的反光灯槽和反光墙面可产生漫射性质的光线，使空间更具有无限的感觉。因此，通过对照明方式的选择和使用不同的灯具等方法，可以有效地调整空间和空间感（图3-19）。

（二）揭示作用

照明还有各种不同的揭示作用。

1. 对材料质感的揭示

通过对材料表面采用不同方向的灯光投

图3-18　独具特色的吊灯调整了空间的尺度

图3-19　新加坡圣淘沙迈克酒店酒吧

射，可以不同程度地强调或削弱材料的质
感。如用白炽灯从一定角度、方向照射，可
以充分表现物体的质感，而用荧光或面光源
照射则会减弱物体的质感（图3-20）。

2. 对展品体积感的揭示

调整灯光投射的方向，产生正面光或侧
面光，有阴影或无阴影，对于表现一个物体
的体积也是至关重要的。在橱窗的设计中，
设计师常用这一手段来表现展品的体积感
（图3-21）。

3. 对色彩的揭示

灯光既可以忠实地反映材料色彩，也可
以强调、夸张、削弱甚至改变某一种色彩的
本来面目。舞台上对人物和环境的色彩变
化，往往不是去更换衣装或景物的色彩，而
是用各种不同色彩的灯光进行照射，以变换
色彩来适应气氛的需要（图3-22）。

（三）空间的再创造

灯光环境的布置可以直接或间接地作用
于空间，用联系、围合、分隔等手段，以形
成空间的层次感或限定空间的区域。两个空
间的连接、过渡，可以用灯光来完成。一个
系列空间，同样可以由灯光的合理安排，来
把整个系列空间联系在一起。用灯光照明的
手段来围合或分隔空间，不像用隔墙、家具
等可以有一个比较实的界限范围。照明的方
式是依靠光的强弱来造成区域差别的，以在
空间实质性的区域内再创造空间。围合与分
隔是相对的概念，在一个实体空间内产生了
无数个相对独立的空间区域，实际上也就等
于将空间分隔开来了。用灯光创造空间内的
空间这种手法，多用在舞厅、餐厅、咖啡

图3-20　澳门大仓酒店悦榕庄休息区

图3-21　光对体积感的塑造

图3-22　《印象·刘三姐》演出现场

厅、宾馆的大堂等空间内（图3-23）。

（四）强化空间的气氛和特点

灯光有色也有形，它可以渲染气氛。如舞厅绚丽的灯光可以将空间变得扑朔迷离，富有神秘的色彩，造成热烈欢快的气氛；教室整齐明亮的日光灯可以使人感觉简洁大方，形成安静明快的气氛；而酒吧微暗、略带暖色的光线，给人一种亲切温馨浪漫的情调和些许暧昧的色彩。另外，灯具本身的造型具有很强的装饰性，它配合室内的其他装修要素，以及陈设品、艺术品等，一起构成强烈的气氛、特色和风格。例如，中国传统的宫灯造型，日本的竹及纸制的灯罩，欧洲古典的水晶灯具造型，都有非常强烈的民族和地方特点，而这些正是室内设计中体现风格特点时不可缺少的要素（图3-24）。

（五）特殊作用

在空间设计中，灯除了提供光照，改善空间等需要的照明外，还有一些特殊的地方需要照明。例如：紧急通道指示、安全指示、出入口指示等，这些也是设计中必须注意的方面。

五、光照的种类

由于使用的灯具造型和品种不同，从而使光照产生不同的效果，所产生的光线大致可以分为三种：直射光、反射光和漫射光。

（一）直射光

直射光是指光源直接照射到工作面上的光，它的特点是照度大，电能消耗小。但直射光往往光线比较集中，容易引起眩光，干扰视觉。为了防止光线直射到我们的眼睛而产生眩光，可以将光源调整到一定的角度，使眼睛避开直射光，或者使用灯罩，这样也可以避免眩光，同时还可以使光集中到工作面上。在空间中经常用直射光来强调物体的体积，表现质感或加强某一部分的亮度等。选用灯罩时可以根据不同的要求决定灯罩的投射面积。灯罩有广照型和深照型，广照型的照射面积范围较大，深照型的光线比较集中，如射灯类（图3-25）。

（二）反射光

反射光是利用光亮的镀银反射罩的定向照明，是光线下部受到不透明或半透明的灯罩的阻挡，同时光线的一部分或全部照到墙

图3-23 北京钓鱼台国宾馆芳菲苑大堂

图3-24 北京钓鱼台国宾馆芳菲苑大宴会厅

面或顶面上，然后反射回来。这样的光线比较柔和，没有眩光，眼睛不易疲劳。反射光的光线均匀，因为没有明显的强弱差。所以空间会比较整体统一，空间感觉比较宽敞。但是，反射光不宜表现物体的体积感和对于某些重点物体的强调。在空间中反射光常常与直射光配合使用（图3-26）。

（三）漫射光

漫射光是指利用磨砂玻璃灯罩或者乳白灯罩以及其他材料的灯罩、格栅等，使光线形成各种方向的漫射，或者是直射光、反射光混合的光线。漫射光比较柔和，且艺术效果好，但是漫射光比较平，多用于整体照明，如使用不当，往往会使空间平淡，缺少立体感（图3-27）。

我们可以利用以上三种不同光线的特点，以及它们的不同性质，在实际设计中，使三种光线有效地配合使用，根据空间的需要选择三种不同的光这样可以产生多种光照方式。

图3-26　新加坡君悦酒店大堂

图3-25　直射光

图3-27　赫尔辛基当代艺术博物馆中的照明设计

六、照明方式

（一）直接照明

直接照明就是全部灯光或90%以上的灯光直接投射到工作面上。直接照明的好处是亮度大，光线集中，暴露的日光灯和白炽灯就是属于这一类照明。直接照明又可以根据灯的种类和灯罩的不同大致分为三种：广照型、深照型和格栅照明。广照型的光分布较广，适合教室（图3-28）、会议室等环境里；深照型光线比较集中，相对照度高，一般用于台灯、工作灯，供书写、阅读等用；格栅照明光线中含有部分反射光和折射光，光质比较柔和，比广照型更适宜整体照明。

（二）间接照明

间接照明是90%以上的光线照射到顶或墙面上，然后反射到工作面上。间接照明以反射光为主，特点是光线比较柔和，没有明显的阴影。通常有两种方法形成：一种是将不透明的灯罩装在灯的下方，光线射向顶或其他物体后再反射回来；另一种是把灯设在灯槽内，光线从平顶反射到室内成间接光线（图3-29）。

（三）漫射照明

漫射照明指灯光射到上下左右的光线大致相同。有两种处理方法：一种是光线从灯罩上口射出经平顶反射，两侧从半透明的灯罩扩散，下部从格栅扩散；另一种是用半透明的灯罩把光线全部封闭而产生漫射（图3-30）。漫射照明光线柔和，视感舒适。

（四）半直接照明

半直接照明是60%左右的光线直接照射到被照物体上，其余的光通过漫射或扩散的方式完成。在灯具外面加设羽板，用半透明的玻璃、塑料、纸等做伞形灯罩都可以达到半直接照明的效果。半直接照明的特点是光线不刺眼，常用于商场、办公室顶部，也

图3-29　大连凯宾斯基酒店电梯厅

图3-28　丹麦奥尔堡大学信息工程学院教室

图3-30　巴黎奥赛博物展厅

用于客房（图3-31）和卧室。

（五）半间接照明

半间接照明是60%以上的光线先照到墙和顶上，只有少量的光线直接射到被照物上。半间接照明的特点和方式与半直接照明有类似之处，只是在直接与间接光的量上有所不同。

七、照明的布局方式

照明的布局方式有四种，即一般照明、重点照明、装饰照明和混合照明。

（一）一般照明

一般照明又称普通照明，是指大空间内全面的、基本的照明，也可以叫整体照明，它的光线比较均匀。这种方式比较适合学校、工厂、观众厅、会议厅（图3-32）、候机厅等。但是基础照明并不是绝对地平均分配光源，在大多数情况下，基础照明作为整体处理，需要强调突出的地方再加以局部照明。

（二）重点照明

重点照明又称局部照明，主要是指对某些需要突出的区域和对象进行重点投光，使这些区域的光照度大于其他区域，起到使其醒目的作用。如商场的货架、商品橱窗等，配以重点投光，以强调商品、模特儿等。除此之外，还有室内的某些重要区域都需要做重点照明处理，如室内的雕塑、绘画等陈设品，以及酒吧的吧台等。重点照明在多数情况下是与基础照明结合运用的（图3-33）。

（三）装饰照明

为了对室内进行装饰处理，增强空间的变化和层次感，制造某种环境气氛，常用装饰照明。使用装饰吊灯、壁灯、挂灯等一些装饰性、造型感比较强的系列灯具，来加强渲染空间气氛，以更好地表现具有强烈个性的空间。装饰照明是只以装饰为主要目的的独立照明，一般不担任基础照明和重点照明的任务（图3-34）。

（四）混合照明

由一般照明、重点照明和装饰照明三种照明方式共同组成的照明称为混合照明。混合照明是在一般照明的基础上，在需要特殊照明的地方提供重点照明或装饰性照明。一般的商店、办公楼、酒店等这样的场所中大

图3-31　澳门威尼斯人酒店客房

图3-32　上海东郊宾馆接待厅

图3-33　澳门悦榕庄酒店宴会厅入口

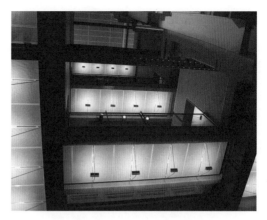

图3-34　巴黎奥赛博物馆天花上的灯光设计

多采用混合照明的方式（图3-35）。

八、照明设计的原则

安全、适用、经济、美观是照明设计的基本原则。

（一）安全

在任何时候安全都必须放在首先考虑的位置上，电源、线路、开关、灯具的设置都要采取可靠的安全措施，在危险的地方要设置明显的警示标志，并且还要考虑设施的安装、维修、检修的方便，安全和运行的可靠，防止火灾和电气事故的发生。

（二）适用

适用性是指提供一定数量和质量的照明，满足规定的照度水平。满足人们在室内进行生产、工作、学习、休息等活动的需要。灯具的类型、照明的方式、照度的高低、光色的变化都应与使用要求一致。

照度过高不但浪费能源，而且会损坏人的眼睛，影响视力；照度过低则无法看清物体，造成眼睛吃力，影响工作和学习。闪烁的灯光可以增加欢快、活泼的气氛，但容易使眼睛疲劳，可以用在舞厅等娱乐场所，但不适用于工作和生活环境中。

（三）经济

在照明设计实施中，要尽量采用先进技术，发挥照明设施的实际效益，获得最大的使用效率，降低经济成本，同时要符合我国当前的电力供应、设备和材料方面的生产水平。

（四）美观

合理的照明设计不仅能满足基本的照度需要，还可以帮助体现室内的气氛，起到美化环境的作用；可以强调室内装修及陈设的

图3-35　北京钓鱼台国宾馆餐厅

材料质感、纹理、色彩和图案，同时恰当的投射角度有助于表现物体的轮廓、体积感和立体感，而且可以丰富空间的深度感和层次感。因此，装饰照明的设计同样需要艺术处理，需要丰富的艺术想象力和创造力（图3-36）。

九、照明设计的主要内容

（一）确定照明方式、照明种类和照度高低

不同的功能空间需要不同的照明方式和种类，照明的方式和种类的选择要符合空间的性格和特点。此外，合适的照度是保证人们正常工作和生活的基本前提。不同的建筑物、不同的空间、不同的场所，对照度有不同的要求。即使是同一场所，由于不同部位的功能不同，对照度的要求也不尽相同的。因此，确定照度的标准是照明设计的基础，可以参考我国相关部门制定的《民用建筑照明设计标准》和《工业企业照明设计标准》。

（二）确定灯具的位置

灯具位置要根据人们的活动范围、家具等的位置来确定。如看书、写字的灯光要离开人一定的距离，有合适的角度，不要有眩光等。而需要突出物体体积、层次以及要表现物体质感的情况下，一定要选择合适的角度。在通常情况下阴影是需要避免的，但某些场合需要加强物体的体积或者进行一些艺术性处理的时候，则可以利用阴影以达到效果。

（三）确定照明的范围

室内空间的光线分布不是平均的，某些部分亮，某些部分暗，亮和暗的面积大小、比例、强度对比等，是根据人们活动内容、范围、性质等来确定的。如舞台是剧场等的重要活动区域，为突出它的表演功能，必须要强于其他区域。某些酒吧的空间（图3-37），需要宁静、祥和的气氛和较小的私密性空间，范围不宜大，灯光要紧凑；而机场候机厅、车站的候车厅、地铁车站（图3-38）等场所一般都需要灯光明亮，光线布置均匀，视线开阔。确定照明范围时要注意以下几个问题。

1. 工作面上的照度分布要均匀

在一些光线要求比较高的空间，如精细

图3-36　澳门银河酒店大堂

图3-37　北京某会所内的照明

图3-38　香港地铁站

物件（如电子元器件）等的加工车间、图书阅览室、教室等的工作面，光线分布要柔和、均匀，不要有过大的强度差异。

2. 室内空间的各部分照度分配要适当

一个良好的空间光环境的照度分配必须合理，光反射的比例必须适当，才能营造一个舒适的氛围。因为人的眼睛是运动的，过于大的光强度反差会使眼睛感到疲劳。在一般场合中，各部分的光照度差异不要太大，以保证眼睛的适应能力。但是，光的差异又可以引起人的注意，形成空间的某种氛围，这也是在舞厅、酒吧、展厅等空间中最有效、最普遍使用的手段。所以，不同的空间要根据功能等的要求确定其照度分配。

3. 发光面的亮度要合理

亮度高的发光面容易引起眩光，造成人们的不舒适感、眼睛疲劳、可见度降低。但是，高亮度的光源也可以给人刺激的感觉，创造气氛。例如，天棚上的点状灯，可以产生星空的感觉，带来某种气氛。但在教室、办公室、医院等一些场所要尽可能避免眩光的产生。而酒吧、舞厅、客厅等可以适当地用高亮度的光源来造成气氛照明。

（四）光色的选择与确定

光也具有不同的颜色，与色彩类似。不同的光色在空间中可以给人以不同的感受。冷、暖、热烈、宁静、欢快等不同的感觉氛围需要用不同的光色来进行营造。另外，根据季节、天气的冷暖变化和节日的需要，用适当的光色来满足人的心理需要，也是要考虑的问题之一（图3-39）。

图3-39　吉隆坡双子塔中用红灯笼来营造春节的喜庆氛围

（五）选择灯具的类型

每个空间的功能和性质是不一样的，而灯具的作用和功效也是各不相同的。因此，要根据室内空间的性质和用途来选择合适的灯具类型。

思考与练习

1. 怎样正确地处理卧室的照明设计？
2. 布置商店中的照明设计应该注意哪些问题？
3. 简述照明的种类和布局方法。
4. 利用两种以上的方法，完成一个宾馆休闲空间的照明设计。

第四章

室内色彩环境设计

大自然的色彩瞬息万变、丰富多彩，为艺术家的创作提供了无限的灵感来源。灿烂的晚霞、瑰丽的日出、蔚蓝的大海、清澈的天空、金色的沙漠、青翠的草木、绚丽的夏花（图4-1）、皑皑的白雪（图4-2）都能带给人们无限的遐想。

图4-1　伦敦丘园

图4-2　希腊梅黛奥拉

第一节

色彩设计的作用

人们通常把形状比作富有气魄的男性，而把色彩比作富于活力的女性。这使我们思考"色彩与形态"时的感觉神经变得异常活跃和敏锐。

马蒂斯曾经说过，如果线条是诉诸心灵的，色彩是诉诸感觉的，那你就应该先画线条，等到心灵得到磨炼之后，它才能把色彩引向一条合乎理性的道路。

心理学家鲁奥沙赫的试验表明，对形态和色彩的选择，与一个人的个性有关：情绪欢乐的人一般容易对色彩起反应，而心情抑郁的人一般容易对形状起反应。对色彩反应占优势的人在受刺激时一般很敏感，因而易受到外来影响，情绪起伏，易于外露。而那些易于对形状起反应的人则大多具有内向性格，对冲动的控制力很强，不容易动感情。

在对色彩的视觉反应中，人的行为是物体对人的外在刺激引起的，而为了看清形状，就要用自己的理智识别力去对外界物体做出判断。因此，观者的被动性和经验的直接性的综合作用是色彩反应的典型特征；而对形状知觉的最大特点，是主观上的积极控制。总之，凡是富有表现性的性质（色彩性质，也包括形状性质），都能自发地产生被动接受的心理经验；而另一个式样的结构状态，却能激起一种积极组织的心理活动（主要指形状，但也包括色彩特征）。不得不承认，色彩确实是好动的，它会将观赏者带入时间中去。它不仅有前进和后退的层次，还能产生对比，有时还和听觉、嗅觉、触觉的表象相复合，时而引人入胜，时而又拒人于千里之外。

为了把握形势和色彩色视觉力量，通常采用两者"互补"的处理方法显示艺术家们的创造力。他们往往是无意识地利用了这种方法，更为有效地表现某种情调，以某种色彩特性去支持和突出形式的风格特点。回顾

历史，曾经一度鼓吹禁欲，了无生命与生存之乐的哥特时期，常用冷色来突出建筑、雕塑及印刷体尖削如钉而又轮廓鲜明的形式（图4-3）；相形之下，另一个唯以嬉戏奢华为乐事的巴洛克和洛可可时期，则以乐观和充满生活之乐的鲜明色彩为建筑、雕塑和印刷字体那丰满而轻快的形式更添无上的"光彩"（图4-4、图4-5）。

一般在设计中，形式的含义都是有意识强调并以逻辑思维进行构思的。色彩在较多情况下则体现为一种直觉的运用，然而蕴含在形式中的节奏，还依赖于色彩的视觉心理作用。作为一种传达设计的基本视觉要素，色彩须经组合与构图来获得它自己的艺术生命，犹如音乐须经一系列音符的恰当选择与巧妙安排，才得以产生美妙动听的旋律一样。

在现代建筑设计中，常任由色彩本身创造一种造型上的节奏。像格罗皮乌斯（图4-6）、柯布西埃、密斯、里特维尔德等这些建筑师都为我们做出了很好的尝试。将纯色彩糅合到建筑环境的节奏与结构中去，既有和谐的视觉效果，又能给人以新奇感（图4-7）。

图4-3　科隆大教堂内景

图4-4　巴黎朗贝尔公馆客厅

图4-5　葡萄牙奎陆兹宫殿一处内饰

图4-6　格罗皮乌斯设计的校长办公室

图4-7　巴黎朗贝尔公馆客厅

可以说，色彩赋予了形式另一种生命、另一种神情气质和另一层存在意义，从而使色彩也可被视为图形语言的一种。

色彩的情感作用，以及色彩对人的心理、生理和物理状态的调节作用，通过建筑、交通、设施、设备等综合、全面地影响着我们的日常工作和生活，因此也影响到我们在设计实践中的应用。只有充分地进行色彩处理和搭配，才会使色彩有意义、有价值，同时也要展现出色彩的社会意义。

色彩美的内涵体现在视觉上的审美印象、表现上的情感力量和结构上的象征意义三个层面上。象征性具有不可泯灭的社会文化价值，其中也包含着审美文化的传统因素和情感的传达力等因素，虽不是主要构成，却因这一群体历史文化的长期积淀，而具有

图4-8　具有浓郁墨西哥地方特色的色彩

潜移默化的作用（图4-8）。

色彩美的三个层面是相辅相成、互为依存的有机整体，诚如色彩美学的创始人伊顿所言：缺乏视觉的准确性和没有力量的象征，将是一种贫乏的形式主义；缺乏象征的真实和没有情感能力的视觉印象，将只能是平凡的模仿和自然主义；而缺乏结构上的象征性或视觉力量的情感效果，也只会被局限在空泛的情感表现上。

在色彩设计上，美观并不是唯一的目的，这是对色彩设计的偏见和误解。美感也不可能是色彩设计的全部内容，美感是综合性的，是适应性、伴随性的。色彩设计取决于两个方面：一是体现建筑本身的性质、用途，二是对建筑的使用考虑与色彩感觉。既要符合建筑的性能，又能促进社会对商品的好感与认识。因此，色彩设计应在熟悉产品和消费的基础上，根据色彩情感的研究，找出最佳设计语言，从而使商品的形象色在消费者的视直觉中形成最有效的信息传达，使之具有独有的特征。

一、调节作用的表现

（1）色彩的调节使人得到安全感、舒适感和美感。

（2）有效利用光照，便于识别物体，减少眼睛疲劳，提高注意力。

（3）形成整洁、美好的室内环境，提高工作效率。

（4）危险地段及危险环境的指示作用，使用醒目的警戒色作标识，减少事故和

意外。

（5）对人的性格、情绪有调节作用，可激发也可抑制人的情感。

二、室内环境的色彩调节

室内环境的色彩是一个综合的色彩构成，构成室内空间的各界面色彩以材料及材料的颜色为主色，成为整个室内的大背景。而其中照明器、家具、织物及艺术陈设等，则会成为环境中的主体，并参与室内颜色的整体组成，因而室内的色彩需整体考虑才会最终达到满意的效果。

（一）色彩三要素的调节

一般来讲，公共场所是人流集中的地方，因而应强调相对统一的效果，配色时应以同色相或临近色的浓淡系列为适宜。业务场所的视觉中心、标志等应有较强的识别性和醒目的特征，因而颜色会有所对比，并且饱和度会比较高（图4-9）。同一个空间内，功能空间要求区分的话，可以用两个色彩以上的配合来体现。总之，在配色时可以按颜色的三大属性的任何一方面对颜色进行调控，从而获得理想的效果。

1.色相

从色相上，可按室内功能的要求决定色调，搭配自由，根据不同的气氛、不同的环境需求来做变幻，可以说是变幻无穷。

2.明度

在明度上，结合照明，适当地设定天花、墙面及地面的色彩，如在劳动场所，天花明亮而地面暗淡易于分辨物品；天花明度及好的顶部照明，使人感到舒适。住宅中，若天花与地面明度接近，则易形成休息感和舒适感。而夜总会、舞厅、咖啡厅则把天花做得比地面还暗，餐厅的天花则比地面稍

图4-9　新加坡圣淘沙金沙酒店大堂总服务台

弱，但应有温暖的橘黄色照明，可提高就餐者食欲。

3.纯度

纯度俗称彩度，在工作场所纯度不宜过大，若纯度过高会产生刺激，使人易感疲劳。住宅和娱乐场所选择高纯度色彩时可小面积使用。

形体、质感与色彩是构成空间的最基本要素，色先于形，它能使人对形体有完整的认识，并产生各种各样的联想。对人眼的生理特点的研究表明，眼睛对颜色的反映比形体要直接，即"色先于形"。这就是为什么我们通常会首先记住建筑物或物体的颜色，其后才是形状的原因。因此，在环境及空间的塑造上，颜色的设计是不容忽视的一环。

（二）色彩设计的作用

建筑环境色彩设计既包括建筑学、生理学、心理学的内容，也包括物理学的内容。下面以工业建筑和民用建筑为例说明色彩设计的作用。

（1）在工业建筑内，合理的色彩可以改善视力作业条件，降低劳动强度，提高操作的准确性，从而提高产品质量和生产效率。在一定程度上，适合的色彩能降低疲劳强度，提高出勤率。另外，醒目的色彩提示能减少生产事故，保障安全生产（图4-10）。合理的色彩使用有利于提高车间内部的使用效果，并有利于整顿生产秩序。

（2）在民用建筑内，色彩设计能更好地体现建筑物的性质和功能，并具有空间导向、空间识别和安全标志的作用。还可以提高建筑内部空间的卫生质量和舒适度，有利于身心健康。舒适的色彩搭配可以改善建筑内部空间和实体的某些不良形象和尺度，是调节室内空间形象和空间过渡的有效手段（图4-11）。不同的色彩还可以配合治疗某些疾病。色彩设计可创造有性格、有层次和富于美感的空间环境。

图4-10　工厂车间

图4-11　伦敦泰特博物馆改建部分的交通空间

第二节

色彩的搭配与协调

两种以上色的组合叫配色。由配色带给人以愉快、舒服之感的这种搭配就叫调和；反之，配色给人以不舒服感，就叫不调和。但由于人们对色彩的感觉不同，对色彩的理解也是不同的。而从色彩本身来讲，不同材质、不同照明环境等都会令色彩产生不同的效果，所以色彩的调和即针对上述现象来考虑的。

色彩搭配即色彩设计，必须从环境的整体性出发，色彩设计得好，可以扬长避短，优化空间的视觉效果，否则会影响整体环境的效果。我们在做色彩设计时，不仅要满足视觉上的美观需要，而且要关注色彩的文化意义和象征意义。从生理、心理、文化、艺术的角度进行多方位、综合性的考虑。

一、色彩的搭配

（一）配色方法

（1）汲取自然界中的现成色调，随春、夏、秋、冬四季的变化进行组合搭配。自然界的种种变化都是调和配色的实例，也是最佳范例。

（2）对人工配色实例的理解、分析和记忆，在实践中归纳和总结配色的规律，从而形成自己的配色方法。

（二）纯度调和

1. 同一调和

同色相的颜色，只有明度的变化，给人感觉亲切和熟悉（图4-12）。

2. 类似调和

色相环上相邻颜色的变化统一，给人感觉自然、融洽、舒服，建筑内环境常以此法进行配色（图4-13）。

图4-12　香港国际机场

图4-13　北京钓鱼台国宾馆总统套房卧室

3. 中间调和

色相上接近的颜色变化微妙，给人感觉暧昧、含混。

4. 弱对比调和

类似色的对比特征不明显，给人以和谐、典雅的感觉。

5. 对比调和

补色及接近补色的对比色配合，明度相差较大，给人以强烈或强调的感觉，容易形成活泼、艳丽、富于动感的环境。

（三）色相调和

1. 两色调和

以孟赛尔色相环为基准，两色之间的差距可按下列情况区分。

（1）同一调和：色相环上一个颜色范围之内的调和。由色彩的明度、纯度的变化进行组合，设计时应考虑形体、排列方式、光泽以及肌理的要比对色彩的影响。

（2）类似调和：色相环上相近色彩的调和。给人以温和之感，适合大面积统一处理，如一部分设计为强烈色彩，另一部分则弱一些，或一部分色彩明度高，另一部分低的形式处理，均能收到较理想的效果。

（3）对比调和：色相环上处于相对位置的色彩之间的调和，对比强烈，纯度相互烘托，视觉效果都很强烈，如一方降低纯度，效果更理想。如两者互为补色，效果更强烈（图4-14）。

综上所述，可以看出，两个色彩的调和，其实存在着两种倾向，一种是使其对比，形成冲突与不均衡，从而留下较深刻印象；另一种就是调和，使配色之间有共同之处，从而形成协调和统一的效果。

2. 三色调和

（1）同一调和：三色调和同两色调和一致。

（2）正三角调和：色相环中间隔120°的三个角的颜色配合，是最明快、最安定的调和，这种情况下应以一个为主色，其他两色相辅。

（3）等腰三角形调和：如果三个颜色都同样强烈，极易产生不调和感，这时可将锐角顶点的颜色设为主色，其他两色相辅。

（4）不等边三角形调和：又叫任意三角形造色，在设色面积较大的情况下，效果比较突出。

3. 多色调和

四个以上颜色的调和，在色相环上形成四边形，五边形及六边形等。这种选色，确定一个主色很重要，同时要注意将相邻色的明度关系拉开。

（四）明度调和

1. 同一和近似调和

这种调和具有统一性但缺少变化，因而

图4-14　伦敦新泰特博物馆展厅前厅

需变化色相和纯度进行调节，多用于沉静、稳定的环境。

2. 中间调和

若纯度、明度都一致会显得无主次和缺乏层次，因而适当改变纯度，可取得更好的效果，这样容易形成自然、开朗的气氛（图4-15）。

3. 对比调和

对比调和具有明快、热烈的感觉，但容易产生生硬感，可将色相、纯度尽量保持一致。

（五）纯度调节的方法

1. 同一和近似调和

同一和近似调和具有统一和融洽的感觉，但效果较平淡，可通过改变色相和明度予以加强。

2. 中间调和

中间调和具有协调感，但有些暧昧，不清爽，可通过改变明度和色相，即加大对比，使其生动。

3. 对比调和

对比调和给人明快，热闹之感，但易过

火，可确立一个主色，加大面积比或改变色相可得到改善。

（六）颜色的位置

（1）明亮色在上，暗淡色在下，会产生沉着、稳定的安全感；反之，则易产生动感和不安全感。

（2）室内天花若使用重色会产生压迫感，反之则轻快。

（3）色相、明度与纯度按等差或等比级数间隔配置，可产生有层次感、节奏感的色彩空间效果（图4-16）。

（七）颜色使用面积的原则

（1）大面积色彩应降低纯度，如墙面、天花、地面的颜色，为追求特殊效果则可例外。小面积色彩应提高纯度，多为点缀饰

图4-16　有层次感、节奏感的色彩空间效果

图4-15　纯度调和

物，以活跃气氛（图4-17）。

（2）明亮色，弱色面积应扩大，否则暗淡无光。暗色、强烈色可缩小面积，否则会显得太重或太抢眼。

（八）配色的修正

在配色过程中往往会产生不如意或不理想之处，可以用以下方法来补救。

（1）明度、纯度、色相分别作调整，直至视觉上舒服，或者在面积上做适当调整，一般是深色或重色可以盖住浅色和轻色。

（2）在色与色之间加无彩色和金银线加以区分，或加适当面积的黑、白、灰与以调节（图4-18）。

（3）使用重点色，使之面积上和形式上占优势，并做适当的调和。

图4-17　上海外滩18号

二、色彩协调的一般原理

形态、色彩和材质等要素综合在一起共同构成了我们周围的环境，这些环境因素都可以直接诉诸视觉并产生美感，但是色先于形，色彩是最快速、最直接作用于视觉的。在我们不经意地观看周围时，首先感受到的就是色彩，因此在一定程度上可以说，色彩是感性的，而形态是理性的。同样形态和材质的空间因为色彩的不同可以形成差别极大的气氛，因此色彩设计对于环境艺术设计来说至关重要。色彩配色的基本要求是协调，然后在协调的基础上，根据需要创造出不同的配色关系，如调和的协调、对比的协调等。色彩的配色原则同样遵循艺术的基本法则，即统一与对比，在统一的基础上寻求对比，寻求变化。

（一）单一色相的协调

单一色相的协调就是用属于同一种色相的颜色，通过明度或纯度的差异来取得变化。这种协调方法简单、有效，会产生朴素、淡雅的效果，常用于高雅、庄重的空间

图4-18　色与色之间加无彩色和金银线加以区分

环境。这种色彩的处理可以有效地弥补空间中存在的缺陷，实现空间内部不同要素之间的协调和统一。同样，单一色相有时会给人过于单调和缺少变化的感觉，这可以通过形态和材质方面的对比来进行调整（图4-19）。

（二）类似色相的协调

类似色是指色环上比较接近的颜色，是除对比色之外的颜色，如红与橙、橙与黄、黄与绿、绿与青等。它们之间有着共同的色彩倾向，因此是比较容易统一的。在许多情况下，如果有两种颜色不协调，只要在这种颜色里加进类似的一种别的颜色，就能获得协调的效果。与单一色相相比，类似色就多了些色彩变化，可以形成较丰富的色彩层次。类似色配色，若仍过于朴素和单调，也可以在局部用小面积的对比色，或通过色相、明度、纯度来加以调整，增加变化（图4-20）。

（三）对比色的协调

对比色所指的是色环上介于类似色到补色之间的色相阶段，如红、黄、蓝或橙、绿、紫这样的色彩配色。这样的搭配在色环上呈三角形。对比色可以表现出色彩的丰富性，但是容易造成色彩的混乱。一般都是先确定一个基本调色，即用一个颜色为基本的环境色彩，然后在较小的面积上使用对比色；也可以通过降低一种颜色的纯度或明度，形成环境色彩的基调，然后配以对比色，以此达到色彩的协调。在色彩的纯度上不要同时用同一纯度，用不同的纯度宜产生变化，这样更易于协调，易于获得赏心悦目的效果。由于对比色的色阶较宽，它的采用就有更多的变化，得到的效果就会更加丰富、生动、活泼（图4-21）。

（四）补色的协调

补色是色环上相对立的颜色，如红与

图4-20　云南省博物馆展厅

图4-19　澳门大仓酒店休息区

图4-21　对比色的协调

绿、橙与青、黄与紫等，这是性质完全不同的对比关系。因此，使用补色的效果非常强烈、突出，运用得好，会极富表现力和动感（图4-22）。由于补色具有醒目、强烈、刺激的特点，所以在室内环境中多用于某些需要活泼、欢快气氛的环境里，如迪斯科舞厅等娱乐场所，或者某些需要突出的部位和重点部分，如门头或标志等。补色协调的关键在于面积的大小以及明度、纯度的调整。一般来说，要避免在面积、明度及彩度上的均同，因为这样势必造成分量上的势均力敌，无主次之分，失去协调感。掌握补色协调的要领有三：一是主次明确，二是疏密相间，三是通过中间色。主次明确就是要有基调，如万绿丛中一点红，绿色为主，红色为点缀，这样有主有次，对比强烈，效果突出；如果是红色一半，绿色一半，那么就会分不清主次。但是也可以采用疏密相间的办法，把红色的一半的整个面积分散成小块，绿色的也同样，然后相互穿插组合，就可以形成另一种视觉效果。可见，尽管实际面积没变，但组合方式变了，结果又不一样了。补色之间有时还可以利用中间色协调，如金、

银、白等来勾画图案或图形的边，这样能使对比过于强烈的画面得到缓冲。

（五）无彩色与有彩色及光泽色配色

无彩色系由黑、白、灰组成。在室内设计中，也可以把某些带有有色色相的高明度色看作无彩色系列，如米色、高明度的淡黄色等。由无彩色构成的室内环境可以非常素雅、高洁和平静。白与黑也是中和、协调作用极强的色彩。在公共空间中，黑色或深色地面形成的背景可以用高纯度的色彩点缀（图4-23）。在家居环境中，如果家具的色彩组合过于繁杂，可以用白色墙面或灰色墙面做背景加以中和。

无彩色与有彩色的协调也是比较容易的。用无彩色系做大面积基调，配以有彩色系做重点突出或点缀，这样可以形成对比，避免无彩色的过分沉寂、平静，也可以免于浓重色彩造成的喧闹（图4-24）。无彩色具有很大的灵活性和适应性，因此，在室内环境设计中被大量应用。

有光泽的金色、银色也属于中间色，也可以起缓冲、调节作用，有极强的协调性和适应性。金色无论与什么色配合都可以起到

图4-22　补色的协调

图4-23　北京威斯汀酒店

图4-24　芬兰阿尔托大学教学楼中庭

协调效果。金、银色用得多，可以形成富丽堂皇的感觉（图4-25），体现某种高贵，但如果运用过滥，易造成庸俗之感。因此，如不是需要体现一定的华丽辉煌的气氛时，应慎重运用金色、银色，尤其是金色。

严格来说，色彩的搭配和组合是无定式可循的，具体的环境要具体地分析才能确定。上述的配色方法只是一个基于经验的理性认识，是抽象理解的一般知识。它只能帮助我们在实践中去加深理解色彩设计的方法，使我们对色彩的感觉和感受更加敏锐。在色彩设计方面，一般的规律和方法有助于培养和强化我们的能力，而我们更需要的是

图4-25　室内环境中金色的使用

敏锐的观察力、丰富的想象力和独特的创造力。

三、配色时需要注意的问题

色彩搭配是一个比较复杂的工作，有时由于经验不足或其他种种原因，会出现一些我们意想不到的问题，应该引起我们的关注和避免，如色彩的变色和变脏问题。

变色是指有些材料如纺织品、材料、涂料及有些金属，长期暴露在日光和空气中，会因风吹日晒引起氧化等一系列反应，从而产生颜色变化现象。因此，在做室内色彩的选择时，要考虑到所选用材料变色与褪色的因素，这样才能使房间的色彩效果历久弥新。变脏的原因有两种，一种是由于暴露在空气中发生了某些化学反应或长期使用造成的脏，可以采用清洗或耐脏材料或可清洗材料来处理。另一种是颜色使用不当，如有些纯度低的颜色和混沌的颜色相配使用，会使二者互相排斥和抵消，使颜色显得混浊不洁净。

因此，在设计中配色时要注意以下几个事项。

（1）按使用要求选择的配色应与环境的功能要求，气氛环境要求相适应。

（2）检查一下使用的是怎样的色调来创造整体效果的。

（3）是否与使用者的性格、爱好相符合。

（4）尽量减少用色，即色彩的减法原则。

（5）是否与室内构造、样式风格相协调。

（6）与照明的关系，光源和照明方式带来的色彩变化应不会影响整个气氛形成。

（7）选用材料时是否注意了材料的色彩特征。

（8）要考虑到与邻房的关系，考虑到人从一个房间到另一个房间的心理适应能力。

第三节

色彩设计的原则

色彩设计如同环境艺术设计的其他部分设计一样，要首先服从使用功能的需要，在这个前提下，还必须做到形式美，发挥材料特性，满足人们的各种心理需要，考虑民族文化因素等。

一、功能性原则

室内色彩的设计必须充分反映室内空间的功能，不同的色彩搭配可以满足不同的功能要求，反映不同的室内空间特征。由于色彩能从生理、心理方面对人产生直接或间接的作用，从而影响人的工作、学习、生活。因此，在色彩设计时，应该充分考虑空间环境的性质、使用功能、人的需求等因素。

（一）教室的用色原则

为了保证教室的明亮宽敞，室内环境色彩应采用反射系数较高的淡雅、明亮的颜色，墙面宜采用淡灰绿、淡灰蓝、浅米黄等，这些颜色能给人以清雅、明快、恬静之感（图4-26），不要有过多的装饰和色彩，教室的黑板通常为黑色、墨绿色或浅墨绿色的毛玻璃，也可以采用哑光的磁性材料。这样有利于保护学生的视力，同时也有利于学生注意力的集中，并保证教室里明快、活泼的气氛。地面多采用中明度的含灰色调，天

图4-26　芬兰阿尔托大学建筑系教室

花多采用白色。有些教室采用白墙与黑色黑板，对比过于强烈，这容易使眼睛疲劳，所以应该适当调整。

（二）餐厅的用色原则

由于经营内容（川菜、鲁菜、淮扬菜、日本料理、韩国料理等）和装修风格（中式、日式、古典式、现代式、乡村式等）的不同，餐饮空间的色彩设计比较多样、复杂。不同的餐厅往往风格各异、各有特色。其空间色彩环境的设计虽然差异性较大，但必须能够满足饮食使用功能的需要（图4-27）。

（三）商业空间的用色原则

商业空间内部环境色彩设计应该以突出商品为原则，能够使商品展现出真正的色彩，而不能变色失真。由于商品种类繁多，琳琅满目，颜色极其丰富，所以，为了吸引顾客，作为背景色的墙面以及柜架等一般采用无色彩系或低纯度色系的颜色，如白色、奶白色、浅灰色、淡蓝色、粉红色、浅紫色等，这样才能突出商品，增强展示效果（图4-28）。

（四）家居的用色原则

合理地选用色彩进行家居装饰，不仅可以创造一个安全、舒适、快乐、温馨的环境，而且可以增加家居空间的艺术感染力。起居室是家庭团聚和接待客人的地方，色彩的使用要创造亲切、和睦、舒适、利于交流的环境，因此多采用浅黄、浅绿、米色、淡橙色、浅灰红色等色彩（图4-29）。卧室主要是供人休息的场所，常用浅黄、浅绿、米色等可以创造一个安静的气氛（图4-30）。

（五）展览空间的用色原则

展览空间是一个展示物品的场所，首先要保证展品的视觉真实性，因此，在展览馆、陈列室等这样的地方，一般来说墙面等适宜用无彩色系，如白色、米色、浅灰色等（图4-31）。而对于博物馆来说，虽然同是展览空间，但需要根据展品来调整墙面的色彩，不能一概而论，例如，中国画需要的是淡雅的背景，而油画需要的却是色彩浓烈的背景（图4-32）。

考虑功能要求也不能只从概念出发，而应该根据具体情况做具体分析。一般可以从空间和用途、人们在色彩环境中的感知过

图4-27　香港迪士尼乐园好莱坞酒店餐厅

图4-28　泰国曼谷ICONSIAM商场

图4-29　起居室

图4-31　丹麦奥尔堡博物馆展厅

图4-30　卧室

图4-32　英国泰特博物馆展厅

程、变化因素三个方面去做一些具体的分析和考虑。

　　分析空间性质和用途，不是只做概念的理解。以往传统的色彩概念就认为，似乎医院就应该是清洁、干净的地方，应以白为主的，而现代的科学证实，人们经常生活在白色的环境中，对心理、生理有不良影响，容易造成精神紧张、视力疲劳，并且会联想到疾病，使心情不愉快。所以，对于手术室采用灰绿色和红色的补色，可以便于医生的视力尽快恢复。医院病房的色彩设计，对于不同科别、不同功能空间也应该有所区别。如老年人的病房宜采用柔和的橙色或咖啡色等，避免大红、大绿等刺激色彩；外伤病人

和青少年病房宜用浅黄色和淡绿色，这种冷色有利于减少病人的冲动，抑制烦躁痛苦的心情；儿童的病房应采用鲜明欢快的色调促使儿童乐观活泼，以利于疾病的治疗。有科学家指出，红色利于小肠和心脏等疾病的治疗。黄色可协助脾脏和胰腺病的治疗，蓝色有助于大肠和肺部病的治疗，绿色有助于治疗肝、胆的病变。由此可以看出，同一个医院，也有众多的色彩区别，只有认真分析，才能确实找出合适的色彩。

　　另外，人们在不同室内环境中所处的时间不同，对于色彩的感知也有所不同的。例如，在停留时间较短的空间中，使用色彩可以明快和鲜艳一些，以给人较深刻的印

象（图4-33）；而在人们需要长时间停留的地方，色彩就不宜太鲜艳，以免过于刺激视觉，使用较淡雅和稳定的色彩，有助于正常的工作和休息（图4-34）。

最后，生活和生产方式的改变，致使许多环境也在改变。例如，银行过去在人们的印象中是一个庄重甚至带有几分神秘色彩的地方，而如今人们越来越多地开展商业活动，对银行也越来越熟悉，银行也向亲切、平易近人的方向发展，因此，色彩的选用也开始由传统的比较庄重向轻松亲切方向发展了。

二、形式美原则

大自然赋予我们的是一个千变万化、多姿多彩的世界，无论是人文景观还是自然景观都在向我们传达着各种各样的色彩信息。在环境的设计和创造中，我们也经常使用色彩来表达自己对美的感受和追求（图4-35）。因此在色彩设计中，要运用得体的色彩语言，创造符合人们审美要求的环境空间。因此，色彩的设计和配置也同样遵循形式美的法则和规律，运用对称与均衡、节奏与韵律、衬托与对比、特异与夸张等手法，处理好环境空间中的色彩。

色彩的设计如同绘画一样，首先要有一个基调，即整个画面的调子，这个基调就是环境色彩的大概趋向，体现的是大致的空间性质和用途。基调是统一整个色彩关系的基础，基调外的色彩起着丰富、烘托、陪衬的作用，因此，基调一定要明确。用色的种类多少，面积大小，都是视基调的要求而定，必须是在统一的条件下的变化。多数情况下，室内的色彩基调多由大面积的色彩，如地面、墙面、顶棚以及大的窗帘、桌布等这

图4-34　卡塔尔多哈国际机场休息区

图4-33　英国泰特博物馆入口楼梯间

图4-35　慕尼黑现代博物馆展厅

些部分构成（图4-36）。所以，决定这些部分的色彩即为决定基调的色彩。

色彩设计还必须遵循统一的原则。强调基调，就是重视统一的问题，而求变化则是追求色彩的丰富多彩，免于单调乏味，使色彩活泼多样，更趋个性化。但求变化不能脱离统一基调。一般情况下，小面积的色彩可以较为鲜艳（图4-37），而面积过大，就要考虑对比是否过于强烈而会破坏整体感。

室内色彩还需注意上轻下重的问题，即追求稳定感和平衡感。多数情况下，顶棚的色调要明快，尤其是要比地面的明度高一些。地面可用明度较低的色彩，这样才符合人们的视觉习惯。

节奏和韵律也是色彩形式美的重要法则。环境色彩设计与绘画略有不同，环境色彩多由建筑元素、构件、家具等物件构成。这些物体相互间都有前景与背景关系，如墙面的色彩是柜子的背景，而柜子也许又是一个花瓶或者其他物品的背景。强调节奏、韵律要考虑色彩排列的次序感和节奏感，这样才可以产生韵律感（图4-38）。

三、客观性原则

环境都是由具体的建筑与装饰材料等客观物质构成的，因此，在色彩的选择和搭配上必然会受到这些客观因素的限制，不可能像艺术创作那样随心所欲地进行选择和调配。尤其是那些天然材料，如天然的大理石和花岗岩，尽管有多种色调和花纹，但我们只能在已有的色彩和纹理种类范围内进行选择。当然，我们可以通过对石材的表面进行一定的技术处理而在某种程度上调整色彩的感觉，但不能对某种石材的本来色彩做根本上的调整和变动。

人工制造的材料在一定程度上有更为宽

图4-37　蓬皮杜艺术中心大厅

图4-36　泰国苏梅岛喜来登酒店海边餐厅

图4-38　色彩的节奏和韵律

泛的挑选可能和余地，有时甚至可以定做加工，能更大程度上满足人们对色彩的需要。

对于天然材料，我们应尽量发挥其独特之处，挖掘其自身所蕴涵着的自然美和潜力，而不要过多地雕凿和修饰。例如，木材，如果色彩及质感运用得当，运用本色远比使用不透明漆要好，其所体现出来的风格和特点也更具魅力（图4-39）。

图4-39　英国布莱克维尔住宅（Blackwell House）

四、地域性原则

色彩的地域性是指特定地区的自然地貌、气候条件、生态物种等对色彩的长期作用而形成的色彩特征。

人们最开始对色彩的接受和创造是来自他们所生活的环境。各地区的色彩传统的形成往往是他们对周围环境色彩的模仿或对某种稀缺色彩的渴求。各地区的色彩传统在相对封闭的环境中保持着较为稳定的发展态势，形成独特的色彩文化。例如，起源于黄河流域的汉族，自然环境的主色调为黄色，因此，虽然历经岁月荏苒和朝代更迭，但对黄色一直情有独钟（图4-40）。而对于生活在雪域高原的藏族来说，白色是他们心中圣洁无瑕、至高无上的颜色。生活在沙漠中的埃及人，绿色对他们来说具有生命力和永恒的意义。日本人喜欢自然色和朴素的色彩（图4-41），印度人崇尚神秘幽玄的颜色。

色彩的地域性还直接受到气候条件的影响。在日照时间长的地区，人们喜爱暖色调和鲜艳的颜色。如赤道附近的地区几乎都对艳丽的色彩情有独钟。这些地区的建筑外墙多为红色、粉红色、黄色、白色等，内墙多为绿色、青绿色、蓝色等冷色系的颜色。日照时间短、雨季长的地区的人们一般喜欢使用暖色和灰色系的颜色（图4-42）。这类地区的建筑外墙一般使用绿色、蓝色和灰色系

图4-40　国家博物馆贵宾接待厅

图4-41　传统日式住宅

图4-42　嘉兴南湖烟雨楼上"分烟话雨"

的颜色。例如，中国江南水乡的建筑多以白墙黛瓦为主，色彩朴素大方。

五、象征性原则

自古以来，色彩一直以其独特的象征意义成为人类文化发展的一个组成部分，色彩象征的本质是以外在色彩环境的普遍性存在反映人的内心世界，色彩象征是古代东西方各民族运用色彩的主要精神内容和依据。不同的民族有不同的用色习惯，有着禁忌和崇尚的用色。色彩的喜爱和厌恶也反映了各个民族的文化。

对中国人来说，黄色和红色象征着富贵

和权利（图4-43）；对埃及人来说，白色象征着太阳神；对基督教来说，金色和白色象征着上帝和天国；对伊斯兰教来说，白色象征着自由与和平，绿色象征着生命与希望。

　　一直到现代社会，色彩的象征意义一直表现在室内设计色彩中。色彩的象征手法总是表现在表达人类情感、祈求幸福吉祥、真实张扬个性、维护等级次序、模拟宇宙天象等各个方面。同时，也使室内设计表现出更深的文化内涵（图4-44）。

图4-43　天下第一城中信国安酒店大堂酒吧

图4-44　具有摩洛哥特色的色彩环境

?

思考与练习

1. 简述室内色彩设计的作用。

2. 在室内设计中如何搭配和协调色彩？

3. 室内环境色彩设计的原则是什么？

第五章

室内物理环境设计

室内设计首先要考虑的因素就是功能问题，而室内物理环境是功能问题的起点。所谓"物理环境"是指构成室内环境的所有物质条件，所有对人的感觉、知觉产生影响的物质因素，这些因素正是建筑物理学的主要研究对象。

在实际工作中，室内设计总是离不开建筑物理方面的知识。建筑声学、光学和热工学的常识，对于正确地使用装饰材料、选择照明光源、合理确定室内照度、布置灯具、控制噪声、提高室内声音质量等，都是十分重要的。除了一些重点工程和有专门要求的室内设计项目有专业工程师的配合工作之外，大多数室内装修项目的设计和施工，都是由室内设计师独立承担的。在这种情况下，如果不了解建筑技术与设备方面的知识，很可能在不自觉的情况下出现违反科学规律的问题。

第一节

感觉与知觉

一般来说，正常的人都有视、听、嗅、味、触五种生理感觉，并有根据这些感觉综合判断外界状态的能力。此外，人体对室内环境的温度、湿度也具有一定的敏感性，但这个因素在日常生活中常常不为人们重视，也经常被我们室内设计师们所忽视。这些感觉除了味觉、温度和湿度感觉以外，都与人对物质的形态、空间的知觉相关，其中，尤以视觉的作用最大。室内的光线、色彩、材料的质感、各种类型的空间形态，以及这些要素共同形成的环境氛围和获得的心理感受等都与视觉有着直接的联系。

一、视觉

视觉是光线作用于人的眼睛而产生的感觉，光线对于视觉的产生具有决定性的作用，光线的强弱对视力有直接的影响。视力是表示区别细微对象的程度，因所视对象的颜色、形状、明亮度的差异而有不同的变化。

普通心理学对视觉现象的研究主要包括以下三个方面。

（一）视觉刺激的性质

有效的视觉刺激是一种适应性刺激，是指一定范围内的电磁辐射，即光波刺激。能引起视觉的波长范围为380～780nm，我们称为可见光。在可见光谱范围内，不同波长的刺激能引起不同的颜色感觉。

（二）视觉系统的基本结构及功能

眼球由巩膜、脉络膜、视网膜组成（图5-1）。视网膜是接受光波并对其信息进行加工的细胞组织，它由三种细胞层组成——神经节细胞、双极细胞和感光细胞。按细胞的形状又可分为杆体细胞和锥体细胞两类。人的每只眼中大约有1.2亿个杆体细胞和650万个锥体细胞，它们在视网膜上的分布是不均匀的。杆体细胞是暗感受器，在低亮度水平下发挥作用，不能感受颜色，也不能分辨物体的细节。锥体细胞是明感受器，在高亮度水平下发挥作用，能感受颜色和分辨物体的细节。

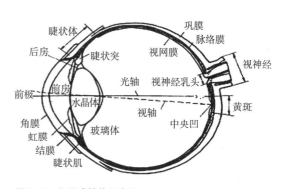

图5-1　人眼球结构示意图

（三）视觉的基本现象

1. 视觉感受

人眼对光的强度具有极高的感受性，能对7～8个光量子发生反应。在大气完全透明、能见度很好的夜晚，能感知1km处1/4烛光的光源。在明视条件下，人眼对550～600nm的光最敏感，在暗视条件下，对500～510nm的光最敏感。

2. 视觉的适应性

视觉器官受光线持续刺激后，可以引起感受性的变化。从亮处进入暗处时，开始看不见东西，持续一段时间后才能恢复视觉，这个过程需要30～40秒；从暗处进入亮处时也有一个适应过程，持续时间约有1分钟。在这个过程中，瞳孔的放大或缩小起着调节光亮变化的作用。我们从室外进入室内时，通常感受不到明暗的急剧变化，但当我们突然穿入隧道或进入暗室时，这种"暗适应"的现象便会发生，其原因是建筑物一般都有过渡性的空间，如门廊、前厅、走廊、过厅等，我们将其称为"灰空间"。这种过渡性的空间不仅在空间的组织形式上是必要的，在调节视觉适应性上也是必要的。

3. 视觉后像和闪烁融合

光刺激视觉器官时产生的兴奋并不因刺激的终止而立刻消失，而是会保留一个瞬间，这种现象称为视觉后像。后像有正、负之分，正后像是一种与原来刺激相同的印象，如夜间一个光点的迅速移动，会被知觉为一条线的移动。负后像是一种与原来刺激相反的印象，如一个有颜色的光引起视觉后，当它消失时，视觉后像是一个与其相反

的补色。视觉对断续出现的光会引起闪烁感，但是，这种闪烁感会因闪烁频率的变化而改变，但其存在一个闪烁临界频率，超过此频率的闪烁光会被知觉为连续光。

二、听觉

听觉是因物体的振动，经介质的传播而引起的感觉。在听觉系统中，耳朵不仅是一个接收器，也是一个分析器，它在把外界复杂的声音信号转变为神经信息的编码过程中起着重要的作用。耳朵的构造可以分为外耳、中耳和内耳，真正感受声音的装置位于内耳基底上的毛细胞（图5-2）。声波由外耳道进入，使鼓膜发生相应的振动，随之由与其相连的听骨传至内耳，使内耳的淋巴液产生波动，引起基底膜振动。基底膜上的毛细胞受到刺激后产生神经冲动，传到脑中枢，经过大脑整合后产生听觉。耳朵不仅能根据声音感觉到各种信息，也能据此判断自己所处的状态。

（一）听觉感受性

听觉同视觉一样，只能感知到一定声

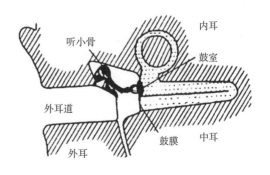

图5-2 人耳结构示意图

频范围内的声音。正常成年人的可听声频为20～2000Hz的声波。低于20Hz的声波为次声波，高于2000Hz的声波为超声波，在这两个范围内的声波都不能引起听觉。影响听觉产生的因素除了频率之外，还有强度因素，最小的可听强度（听觉阈限）为1000～4000Hz。

（二）音高

音高指声音高低的属性。可听声频可以排列成由低到高的序列，频率越高声音也就越高。音高不等于声音的物理频率，只是一种主观的心理量。

（三）掩蔽

在一个喧闹的环境中，我们的说话声被周围的噪声所遮盖，这就是声音的掩蔽现象。虽然人们总是厌烦噪声，但在有些情况下，它并不都是无益的，如在一些公共场合，播放一些背景音乐，可以增强谈话的私密性，降低相互间的干扰。

（四）听觉空间定位

感觉器官对声源空间位置的判断即听觉空间定位。它主要依赖于双耳的听觉，即对来自内耳信息的比较。声波具有绕射和反射的特性，人的双耳在头的两侧，当声源位于头的一侧时，声波绕射到较远一侧时便会有所延迟。两耳的声学距离大约为23cm，这相当于大约690毫微秒的时差，它会使高频声有所衰减。因此，声音到达两耳在时间和强度上的对比，成为我们判断声源位置的两个主要线索。听觉有明显的指向性，对前方的声音有较强的灵敏度，对突然出现的声音和对在嘈杂中突然停止的声音十分敏感。

三、温度感

包括人类在内的所有恒温动物，都在一定范围内具有保持体内温度的调节能力。温度感基本上是通过皮肤获得的，人体的温度在体内、体表因部位的不同而不同，因空气温度的变化而变化。

人的温度感是根据人体和环境的交换来决定的，除了传导、对流、辐射这三种交换形式以外，还有以发汗来散发热量的形式。发汗是因环境温度高于体温或因运动加速体内血液循环，消耗体内热量而产生的必然现象。汗水变成气体，能够带走热量，使体温下降。

第二节

室内物理环境的形成

人类在漫长的发展过程中，以各种方式　　　努力在地球上扩展着自己的生活范围。作为人类栖居的家园，建筑物为人类的生存提供了安全、舒适的场所。室内环境的物质条件与室外环境的状况密切相关，要维持一定水平的室内环境，就须采取一定的手段进行调节、控制，以适应环境的变化。

一、自然环境对室内物理环境的影响

室外环境（日照、季节、昼夜的气温变化）是受地球自转和公转支配的，地球自转带来昼夜的变化，公转带来季节和日照时间的变化。太阳给地球带来光和热，随着地球公转，地表和空气中的温度不断发生变化。由于大气、陆地、水面等热量的出入不同以及地球自转的关系，出现云层、气流等各种气象现象。影响室内物理环境的自然因素主要有日照、气温、风、雨、雪，以及噪声和空气污染等。

气温是指空气的温度，日照是产生气温变化的主要因素。不仅昼夜的交替产生气温的变化，季节的交替和气象变化也使气温和空气中的湿度产生较大的差异。这些因素对室内环境和人体的舒适感产生直接影响，同时，对建筑维护体的性能和耐久性也产生直接的影响。

日照是维持生命的重要条件，它不仅能提供人体所需的维生素D，而且给我们带来温暖和愉快的情绪。因此，建筑物的朝向和采光成为评价房屋质量的重要因素之一。图5-3说明了在一年间，太阳运行的规律和日照角度的变化。

二、影响室内环境的因素及其控制条件

影响室内环境的因素除了气象（日照、风、霜、雨、雪）条件以外，还有来自室外的烟尘和噪声、来自室内的机械噪声、废气、废水、垃圾等因素。为了使室内环境与室外环境相适应，为了人类生存的需要，必须对影响室内环境的因素进行调节、控制。这种控制以前是依靠自然条件，但随着科学技术的发展，各种机械设备取代了原始的方法，带来了空间自由度的增加，同时也导致了能源的消耗和环境污染。图5-4列举了影响室内环境的各种因素及其控制条件，这些内容都是室内设计时必须认真考虑的问题。

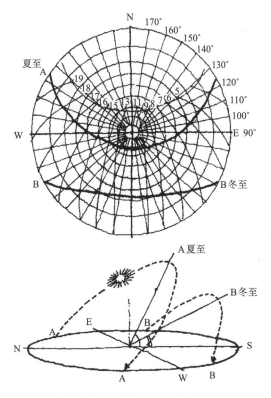

图5-3　太阳运行规律和日照的角度变化

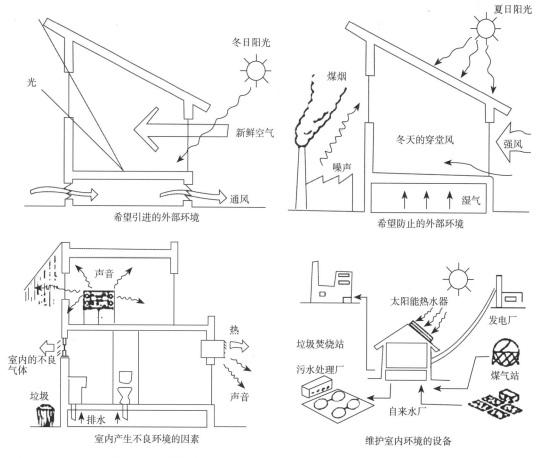

图5-4 影响室内环境的因素及其控制条件

第三节

室内热环境

室内热环境也称"室内气候"，它是由室内温度、湿度、气流和辐射四种参数综合形成的。根据室内热环境的性质，房屋大体可以分为两大类：一类是以满足人体需要为主的，如住宅、教室、办公室等；另一类是以满足生产工艺或科学实验要求为主的，如恒温恒湿室、冷库、温室等。室内环境对人体的影响主要表现为冷热感觉，它取决于人体新陈代谢产生的热量和人体向周围环境散发的热量之间的平衡关系。这种关系可以表示为：

$$\Delta q = q_m - q_w \pm q_r \pm q_c$$

公式中 Δq 为单位时间内人体得失的热量；q_m 为人体新陈代谢的热量；q_w 为蒸发

散热量；q_r 和 q_c 分别为人体与环境之间的辐射散热量和对流散热量，当 $\Delta q = 0$，人体处于热平衡，体温恒定不变；当 $\Delta q > 0$，体温上升；当 $\Delta q < 0$，体温下降。但是 $\Delta q = 0$，并不是人体产生舒适感的充分必要条件，因为各种热量之间可能有多种组合，都使 $\Delta q = 0$，所以只有人体按正常比例散热的热平衡，才是最适宜的状态。有人提出正常散热量的指标应为：对流散热应占总散热量的 25% ~ 30%，辐射散热占 45% ~ 50%，呼吸和无感觉散热占 25% ~ 30%。

一、温度与湿度

室内温度是各类建筑热环境的主要参数，在一般民用建筑中，冬季室内气温应该在 16 ~ 22℃。夏季空调房间的室内计算温度多定为 26 ~ 28℃。室内气温的分布，尤其是沿室内垂直方向的分布是不均匀的。热具有从高温处向低温处移动的性质，其传递形式有三种：传导、对流和辐射。所谓传导是指在相同的物质内或与其接触的物质之间产生的热传递，但物质并不随之发生移动。人在接触具有相同温度的物质时会有温暖或凉爽之感，这是因为物质具有不同的导热性。在地板上铺地毯，便可以起到导热的调节作用。对流是指水在空气中的蒸发现象，水和空气一类的流体可以随物质的移动发生热转移现象，热的部分向上方冷的部分移动。房间有供暖设备时，屋顶部分的温度明显增高，就是对流作用引起的。辐射是指在隔着空间的物质间电磁波传递、交换热量的现象，具有与光相类似的性质，有遮蔽物时会阻挡热的传递。在实际生活中，上述三种热传递方式往往是同时存在的。

室内热环境除了受室外热量进出的影响之外，也受到人体以及室内各种热源因素的影响。通过建筑物的墙体、屋顶、地面也可以发生热量的流入、流出。一般来讲，在住宅中从门窗的缝隙流入或流出的热量约占室内总热量 50%，因此加强门窗的密封性能是十分重要的（图5-5）。

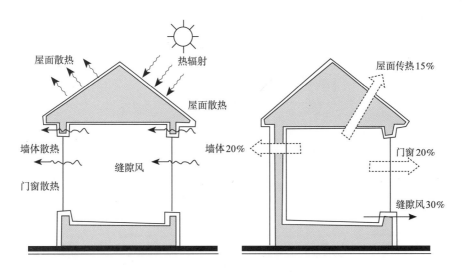

图5-5 影响室内热量的因素

室内温度的分布是不均匀的，墙角部分的表面温度较低，容易产生结露，是墙面发霉的重要原因。建筑物热损失量是由建筑各部分的总传热系数决定的。使用传热系数小（隔热性能高）的墙体构成的室内，由于热损失量小，无论是在冬季还是夏季，室内气温比较稳定。由热容量大的材料制造的墙体，其室内温度的变化比室外温度变化要小，会产生时间差。例如，朝西的钢筋混凝土墙面在日落后表面温度仍然会上升就是这个原因。图5-6是木材和钢筋混凝土的热容量曲线的对比，说明不同的材料其散热性有很大的不同。

温度与湿度也有着密切的关系。空气中或多或少包含着水分，结露就是空气中的水分接触到较其温度低的物体时，凝结在物体表面和其内部上的一种现象。要防止结露现象，就应该设法使墙壁的表面温度不致降低，措施是提高材料的隔热性或向室内供暖风。

良好的通风不仅是降低空气湿度的有效方法，而且对于驱除室内的有害气体、降低室内温度都是必要的。即使是在冬季，适当地进行通风换气，对于提高室内空气的质量也是不可缺少的。

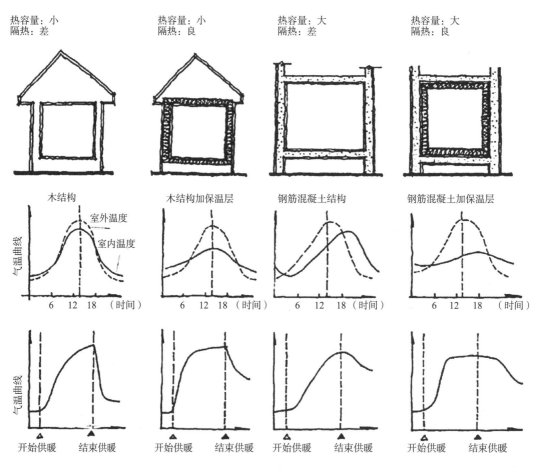

图5-6　木材和钢筋混凝土热容量曲线对比

二、通风与空气调节

对于室内空间来说，通风和空气调节是至关重要的，除非室外的温度和湿度都在人体感觉舒适的范围之内。事实上，几乎所有进入室内空间的空气都必须经过加热或冷却、加湿或除湿、净化及流通的过程。尤其是在公共建筑中，通常是通过一个中央空气调节系统来实现通风和空气调节（包括空气净化和加湿）。

（一）通风的目的与意义

所谓通风，就是把室内被污染的空气直接或经过净化后排至室外，以驱除异味、灰尘及烟雾等，同时提供新鲜的空气，从而保持室内空气的温度、湿度及其循环以达到平衡形成最适宜的空气环境，并符合卫生标准和满足生产工艺要求。

通风一般有两个目的：一是稀释通风，用新鲜空气把房间内有害气体浓度稀释到允许的范围；二是冷却通风，用室外空气把房间内多余热量排走。不同类型的建筑对室内空气环境的要求不尽相同，因而通风装置在不同场合的具体任务及其构造型式也不完全一样。

一般的民用建筑和一些发热量小且污染轻微的小型工业厂房通常只要求保持室内的空气清洁新鲜，并在一定程度上改善室内的气象参数——空气的湿度、相对湿度和流动速度。为此，一般只需采取一些简单的措施，如通过门窗孔口换气、利用穿堂风降温，使用电风扇提高空气的流速等。在这种情况下，无论对进风还是排风，都不进行处理。

在工农业生产、国防工程和科学研究等领域的一些场所，以及某些具有特殊功能要求的建筑、公共建筑和居住建筑中，根据工艺特点或满足人体舒适的需要，对空气环境提出某些特殊的要求，如有些工艺过程要求保持空气的温、湿度恒定在某一范围内；有些需要严格控制空气的洁净度或流动速度；一些大型公共建筑要求保持冬暖夏凉的舒适环境等。为实现这些特殊要求的通风措施，通常称为"空气调节"。

建筑通风不仅是改善室内空气环境的一种手段，而且是保证产品质量、促进生产发展和防止大气污染的重要措施之一。

（二）通风方式

建筑通风，包括从室内排除污浊的空气和向室内补充新鲜空气。前者称为排风，后者称为送（进）风。为实现排风或送风，所采用的一系列设备、装置总体称为通风系统。

1. 局部和全面通风

按通风系统的作用范围不同，无论排风还是送风，均可分为局部和全面两种方式。

局部通风的作用范围仅限于个别地点或局部区域。局部排风的作用，是将有害物在产生的地点就地排除，以防止其扩散；局部送风的作用，是将新鲜空气或经过处理的空气送到车间的局部地区，以改变该局部区域的空气环境。而全面通风则是对整个车间或房间进行换气，以改变温度、湿度并稀释有害物质的浓度，使作业地带的空气环境符合卫生标准的要求。

2. 自然通风和机械通风

按通风系统的工作动力不同，建筑通风又可以分为自然通风和机械通风。

自然通风是借助于自然压力——风压、热压、风热压综合作用三种情况来促进空气流动的。

所谓风压，就是由于室外气流（风力）造成室内外空气交换的一种作用压力。在风压作用下，室外空气通过建筑物迎风面上的门、窗孔口进入室内，室内空气则通过背风面及侧风面上的门、窗孔口排出。

热压是由于室内外空气温度的不同而形成重力压差。当室内空气的温度高于室外时，室外空气的容重较大，便从房屋下部的门、窗孔口进入室内，空气则从上部的窗口排出。

（1）自然通风的形式有以下几种。

①有组织的自然通风。空气是通过建筑维护结构的门、窗孔口进、出房间的，可以根据设计计算获得需要的空气量，也可以通过改变孔口开启面积大小的方法来调节风量，因此称为有组织的自然通风，简称为自然通风。

利用风压进行全面换气，是一般民用建筑普遍采用的一种通风方式，也是一种最为经济的通风方式。

②管道式自然通风。管道式自然通风是依靠热压通过管道输送空气的一种有组织的自然通风方式。集中采暖地区的民用和公共建筑，常用这种方式作为寒冷季节里的自然排风措施，或做成热风采暖系统。由于热压值一般较小，因此这种自然通风系统的作用范围（主风道的水平距离）不能过大，由于

一般排风不超过8m，用于热风采暖时不超过20m。

③渗透通风。在风压、热压以及人为形成的室内正压或负压的作用下，室内外空气通过维护结构的缝隙进入或流出房间的过程叫渗透通风，这种通风方式既不能调节换气量，也不能有计划地组织室内气流的方向，因此只能作为一种辅助性的通风措施。

（2）机械通风的形式有以下两种。

①局部机械通风（包括局部排风和送风）。

②全面机械通风（包括全面排风和送风）。

自然通风的突出优点是不需要动力设备，因此比较经济，使用管理也比较简单。但缺点有二：其一，除管道式自然通风用于进风或热风采暖时可对空气进行加热处理外，其余情况由于作用压力较小，故对进风和排风都不能进行任何处理；其二，由于风压和热压均受自然条件的约束，因此换气量难以有效控制，通风效果不够稳定。

机械通风由于作用压力的大小可以根据需要确定，而不像自然通风受到自然条件的限制，因此可以通过管道把空气送到室内指定的地点，也可以从任意地点按要求的吸风速度排除被污染的空气，适当地组织室内气流的方向，并且根据需要可以对进风或排风进行各种处理。此外，也便于调节通风量和稳定通风效果。但是，风机运转时消耗电能，风机和风道等设备要占用一定的建筑面积和空间，因而工程设备费和维护费较大，安装和管理都较为复杂。

（三）通风系统的主要设备和构件

自然通风的设备装置比较简单，只需用送、排风窗以及附属的开关装置，其他各种通风方式如机械通风系统和管道式自然通风系统，则由较多的构件和设备所组成。在这些通风方式中，除利用管道输送空气以及机械通风系统使用风机造成空气流动的作用压力外，一般包括如下组成部分。

1. 室内送、排风口

室内送风口是送风系统中的风道末端装置，由送风道输送来的空气，通过送风口以适当的速度分配到各个指定的送风地点。

2. 风道

在民用和公共建筑中，垂直的风道一般砌筑在墙体内；而工业通风系统在地面以上的风道，通常采用明装，并用支架支承。

3. 室外进、排风装置

机械送风系统和管道式自然送风系统的室外进风装置，应设在室外空气比较洁净的地方，在水平和竖直方向上都要尽量远离和避开污染源。

4. 风机

在民用建筑中，易产生余热、余温、粉尘、抽烟等的房间内，如采用自然通风达不到卫生及生产要求时，应采用机械通风或自然与机械相结合的通风方式。这个通风过程就必须由风机提供通风的动力，常用的风机有离心式和轴流式两种类型。

第四节

室内声环境

随着生活水平的提高，人们对所处室内环境的要求越来越高，其中就包括声环境。室内声环境设计是保证现代建筑设计功能质量的重要指标，对室内环境整体质量具有重大影响。对于音乐厅、剧院、电影院、礼堂、报告厅等这类观演空间的室内设计必须考虑建筑声学和电声设计，其声音环境的好坏是衡量空间是否满足功能的一个重要标准。而在一些大型购物中心、航站楼、火车站、宾馆、餐厅等大型公共建筑的室内设计中，声环境的设计往往被忽视，室内环境混响时间、环境噪声级和人们行为与心里的感受这三个元素构成的声环境，出现了很多问题，从而影响功能空间的使用。即便在住宅里面，也要考虑如何防止噪声和利用白噪声营造一个舒适有效的声环境。

一、声音的特性

声音的传播无论是液体还是固体，都是因振动引起的，在建筑物中，除了经空气传播之外，有些情况是经建筑物本身传递的声音而引起的噪声问题。声音在空气中的传播同光线一样在物体上也有反射、吸收、透射的现象（图5-7）。音强、音调、音色是音质评价的三个要素，音调的高低取决于声音的频率，频率越高，音调也越高；音色是由复合声成分、各种纯音的频率及强度（振幅）所决定的，即由频谱决定的；声音的强度是指单位时间内，在垂直于声波传播方向的单位面积上的声能（W/m^2），人能够听到的范围为$10^{-12} \sim 1W/m^2$。为了表示方便，通常使用$10^{-12} \sim 1W/m^2$的对数值，以10倍为一级来表示声强（$10^{-12} \sim 1W/m^2$，与$0 \sim 120$ dB相对应）。

在人耳听来，相同强度的声音不一定有相同的大小，由于频率不同，相同大小的声音也会使人感觉到不同的强度。噪声计就是利用人的听觉特性来测定噪声的，测定值用分贝来表示，图5-8分别表示住宅内各种设备的噪声程度和一般噪声标准。多种声音混杂在一起时，想听的声音就会难以听到，这说明声音具有掩蔽现象。

二、隔音与吸音

隔音是指尽量减少透射声，吸音则是指尽量减少反射声，因此，提高吸音能力与提高隔音力是有区别的。隔音能力用透射损失来表示，值越大，说明隔音能力越强。单位面积上的质量（表面密度）越大，透射损失也越大。据此，人们发明了各种降低室内噪声的方法。根据声音传播的特点，室内密封条件越好、界面材料密度越大，就越容易阻止噪声在空气中的传播，隔音的效果就越好。界面的材料及其结构对于隔音效果有直接的影响。一般可以分为单层结构、双层结构、多层轻质复合结构等。但是，对于固体

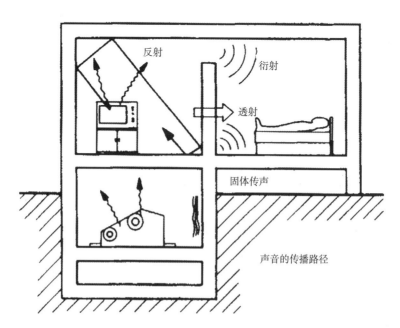

图5-7　声音的传播方式

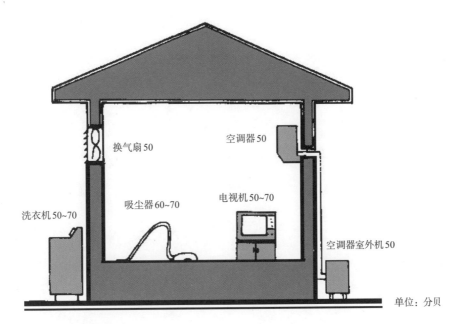

换气扇 50

空调器 50

吸尘器 60~70

电视机 50~70

洗衣机 50~70

空调器室外机 50

单位：分贝

图5-8　室内噪声因素

传声问题的控制比较困难。

　　吸音是针对声音缺失而采取的改善室内声音质量的控制性措施，主要是通过在界面上附着吸音材料、改变界面表面的物理特性、设置吸音装置等手段，减少声音的反射，起到提高声音清晰度的作用。

　　为了有效防止和控制室内环境污染，我国颁布了《健康住宅建设技术要点》。该要点涉及四个方面，即人居环境的健康性、自然环境的亲和性、居住环境的保护和健康环境的保障。

　　室内物理环境设计是一个复杂的系统工程，其中的绝大多数工作是由建筑师和工程师共同完成的，如室内的采暖、给排水、供电、消防、空调、隔音、保温等，需要许多专业领域的工程师的配合才能完成一件建筑作品，室内设计只是诸多工作中的一个组成部分。像建筑师一样，室内设计师也只是从美学的原则出发，赋予各种具体的物质功能以人性化的特征，通过自己创造性的劳动把各种物质条件组织成为一个完美的整体。为了卓有成效地开展工作，室内设计师有必要了解相关的专业知识。

?

思考与练习

1. 影响室内物理环境的主要因素有哪些？

2. 怎样避免室内界面的结露现象？

3. 通风的目的与意义是什么？

4. 如何有效地控制室内噪声？

5. 在室内公共场合中，如何提高谈话的私密性？

第六章

室内陈设艺术设计

室内陈设艺术设计是指在室内空间中，根据空间形态、功能属性、环境特征、审美情趣、文化内涵等因素，将可移动的或与主题结构脱离的物品按照形式美的法则进行统筹规划、布置，以完善室内空间的功能，提升室内空间的审美价值，强化室内空间的风格特征，增加室内空间的人文气质，最终营造出富有特点的室内场所。

陈设艺术设计是室内设计的重要组成部分，其包括三个方面的内容：一是空间的再规划；二是空间界面的装饰；三是陈设品的摆放。

概括地讲，一个室内空间除了地面、墙面、顶棚、柱子等构件，其余内容，甚至包括我们本身的不同服装、行为方式也会为空间带去生气和色彩，都可认为是室内陈设品。陈设品的范围非常广泛，内容极其丰富，形式也多种多样。无论如何，陈设品都应服从整体的室内环境要求，其选择与布置都应在室内环境整体约束下进行，不同风格、不同功能的空间对陈设品要求也各不相同。

陈设品在室内环境的使用具有很大的灵活性，在室内空间中不仅具有特定的使用功能，包括组织空间、分隔空间，填补和充实空间等空间形象塑造功能，还具有烘托环境的气氛、营造和增加室内环境的感染力、强化环境风格等锦上添花、画龙点睛的作用，以及体现历史、文化传统、地方特色、民族气质、个人品位等精神内涵（图6-1）。

图6-1　沈阳张氏帅府中典型中国传统风格的室内陈设

第一节

陈设品的类型

陈设品是完成空间装点的主要角色，从某种意义上讲，它可以说是室内空间的主体内容之一。按不同材质、用途、作用，我们可以把陈设品按照功能的不同分为实用性陈设品和装饰用陈设品两大类。

实用性陈设品包括家具、织物、地毯、窗帘、床上用品、家具包衬织物、靠垫，以及一些日用品，如瓷器、玻璃器皿、塑料制品、家用电器、灯具、各种照明器及烛台等。实用性陈设品种类多、作用大，既是陈设又有具体的使用功能（图6-2）。

非实用性的装饰用陈设品，种类繁多，风格各异，包括装饰织物、挂毯、台布、雕塑、艺术陶瓷、书法、绘画等，以及配合各种字画装裱的画框、烛台、工艺美术品、礼品、民间玩具、古玩等。而且，广义的陈设品是一个没有过多约束的概念，人们可以不拘一格、随心所欲地将一件东西作为陈设品来摆放陈列以作空间的装点（图6-3）。但是从严格意义上讲，精心的陈设品选择和别具匠心的陈设布置，是室内环境设计成功的关键一环，是体现室内品位和格调的根本所在，因此，室内设计中陈设品的选择和配置是营造室内环境氛围不容忽视的步骤和手段（图6-4）。

图6-2　哈萨克斯坦阿拉木图伊斯兰风格的餐厅

图6-3　英国霍克庄园中的起居室

一、家具

陈从周在《说园》里提到："家具俗称'屋肚肠'，其重要可知，园缺家具，即胸无点墨，水平高下自在其中。"陈先生虽然论述的是家具在造园中的重要性，但同样可以用来说明家具在室内空间中的重要地位。

家具是人们日常生活、工作中不可缺少的用具，起到支撑人体、贮存物品、辅助工作和分隔空间等作用。几乎所有的室内空间都会需要家具，家具也是室内空间的一个重要组成部分。据相关统计数据显示，居室（图6-5、图6-6）、办公空间的家具占室内面积的35%～40%，至于餐厅、教室（图6-7）、剧场、影院（图6-8）等类型的室内空间，家具覆盖面积所占的比率就更大。

家具在室内空间中与人的关系最为密切，它在室内空间与人之间起到一种过渡的作用。家具的介入，使室内空间变得更加的舒适和宜人。家具的选择及布置还会在很大程度上影响人的心理、行为和活动，如安全感、私密感、领域感等。通过家具的布置，不但可以重新规划和充实空间、组织人流，还可以改善空间视觉效果、丰富空间层次，以及用来重新建立空间的比例和尺度关系（图6-9）。

家具设计原本曾属建筑师的职责范围，很多著名的建筑设计师，如安东尼·高迪、

图6-4　陈设品的布置营造出中国春节的氛围

图6-6　客房睡眠区

图6-5　客房会客区

图6-7　美国加州艺术学院教室

图6-8　电影院

图6-9　家具的摆放丰富了空间层次

勒·柯布西埃、密斯、赖特、阿尔瓦·阿尔托等人都曾花费很多时间和精力来进行家具设计（图6-10、图6-11）。后来，随着产业的细分，家具设计才逐渐成为一个独立的行业。目前可供选择的家具多为批量生产，也有根据空间具体使用要求、整体风格、尺寸

图6-10　巴塞罗那馆中陈列的是密斯设计的巴塞罗那椅

图6-11　阿尔瓦·阿尔托工作室展厅中陈列的是他设计的家具

要求特别设计的家具。而对于室内设计师来说，更主要任务往往是根据环境的功能要求，从审美的角度来布置、选择家具，有时也要对有特殊要求的家具进行设计。

家具种类繁多，很难用单一的方式进行分类，为了研究和应用的需要，我们经常按使用功能、制作材料、结构类型、使用场合以及组织形式等的不同来进行区分。随着人们生活质量的提高和需求的日益增加，新的家具类型不断出现，家具自身的内涵也不断扩大。

（一）按使用功能分

1. 坐卧类

坐卧类家具是以支承人体为主要目的的家具，与人体接触最多，受人体尺度制约较大，设计时应重点考虑如何符合人的生理特征和需求，如床（图6-12）、椅、沙发、凳等。

2. 储藏类

贮藏类家具是以承托、存放或展示物品为主要目的的家具。首先需要充分考虑的是储存物品的大小、数量、类别、储藏方式、所处空间的尺寸，以及必要的防尘通风等问题；其次，还应兼顾人体尺度、生理特点、使用频率等因素，以方便存取，如衣柜、书柜、组合柜、电视柜、抽屉拒等（图6-13）。

3. 凭倚类

凭倚类家具是人们工作和生活所必需的辅助性家具，为人体在坐、立状态下进行各种活动提供倚、靠等相应的辅助条件，应同时兼顾人体静态、动态尺寸及支承物品的大小、数量等因素，如工作台、工作椅、工作架、橱柜、餐桌、吧台等（图6-14）。

图6-12　香港四季酒店标准客房

图6-13　电视柜和两侧的橱柜

图6-14　商务客房中的工作区域

4. 分隔空间类

在现代建筑空间中，为提高内部空间的灵活性、面积的使用率，以及减轻建筑自重，常利用家具来完成对空间的二次划分。现代办公空间利用隔断提高了工作效率并能控制使用者之间的交流与私密程度。屏风是一种用于分隔空间的古典型家具，是中国传统家具中的独特品种。屏风大约在周代后期出现，古文献中称为"依""扆""斧依""黼扆"。最初可能设于中堂后墙部位，具有屏挡风寒的实用功能，后来演变为构成室内空间中一种构件。由于屏风易于搬移，也大大增添了室内空间组织的灵活性和可变性。屏风有多方面的作用：设在入口或其他

部位，有助于增强室内空间的私密度和层次感；在中国古代宫殿建筑中，正座屏风还常常与正座地坪、正座藻井相配合，组构出以宝座为中心的核心空间，对整体空间起到统辖、强调作用，并对空间尺度的悬殊对比起到协调和中介转换作用。常用的分隔类家具有屏风（图6-15）、架格（图6-16）等。

图6-15　国家博物馆贵宾接待室中的屏

图6-16　沈阳张氏帅府中的多宝格

5. 多功能家具

多功能家具主要有沙发床、组合柜、多功能组合架等（图6-17）。

6. 其他类型的家具

在家具的分类中，有些种类是交叉的，有些家具是身兼几种功能的，很难对其明确地加以划分。如贮藏类家具同时也可能会充当分隔类家具，有些家具既会支承人体同时又是工作台，如美容椅、美发椅、牙科工作椅（图6-18）、手术台等。茶几、花架、镜框、壁炉竖屏（图6-19）、角几、角架、条几、条案（图6-20）等都是常见的身兼多种功能的家具。

（二）按制作材料分

材料是构成家具的物质基础，家具的选材应符合具体的功能要求（如吧台、厨房操作台的台面，应同时满足耐水、耐热、耐油等要求），以及坚固和美观要求。

不同的材质及不同的加工手段会产生不同的结构形式及不同的造型特征或表现力，如华丽、朴实、厚重、轻盈等。按材料的功能或使用部位，家具材料可分为结构材料和饰面材料，有时候家具的结构材料与饰面材料的概念也会模糊不清，家具的外观效果主要取决于饰面材料，采用单一材质的家具，会显得整体而单纯，若采用多种材质的家

图6-17　组合柜

图6-19　壁炉竖屏

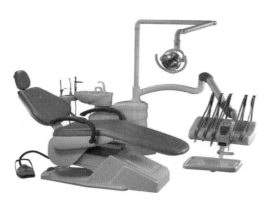

图6-18　牙科工作椅

图6-20　条案

具，则会富于对比和变化。

按用量大小，家具的用材可分为主材和辅材，家具用材是指一件家具的主要用材。主材除了木材、竹藤、金属、塑料等常用材料之外，还有玻璃、石材、陶瓷、皮革、织物以及合成纸类等。辅材包括涂料、胶料和各种五金构件，其中有些五金构件既有连接、紧固以及开启、关闭等实用功能，也具有装饰功能。中国很多传统家具的五金构件多采用吉祥图案和纹样作为装饰，对家具整体造型可以起到点缀作用。常用五金构件有铰链、拉手、锁、插销、滑轮、滑轨、碰珠、脚轮、牵筋及各种钉等。

按制作材料的不同家具可以分为木质家具，竹藤家具，金属家具，塑料家具，玻璃家具，石材家具，织物、皮革家具等。不同材料制作的家具所呈现出来的特点各不相同。

1. 木质家具

木质家具是指直接使用木材或木材的再加工制品（如木夹板、纤维板、刨花板等）制成的家具（图6-21、图6-22）。木材具有天然纹理及色泽，重量轻而且强度大，容易加工和涂饰，导热系数小，具有良好的弹性、手感、触感等优点。木材是家具用材中沿用最久，使用最广泛的材料。针叶树种和软阔叶树种材质通常较软，大部分没有美丽花纹及色彩，多数作为家具内部用材，外部用材多选用材质较硬、纹理色泽美观的阔叶树种，如山毛榉、胡桃木、枫木、橡木、樱桃木、柚木等。花梨、酸枝、紫檀、鸡翅木则是我国明式家具的主要用材，明式家具在

我国家具历史上占重要地位，不但重视使用功能，而且造型优美、形式简洁、比例适度、构造科学合理，达到了功能与形式的高

图6-21　广州陈家祠书房中的家具

图6-22　新艺术运动时期的家具

度统一（图6-23、图6-24）。近年来，由于木材资源紧张，除少数部件必须使用实材外，大部分采用木夹板、细木工板、刨花板、纤维板、空心板、密度板等人造板材作为主要家具用材，很多家具还采用三聚氰胺板、树脂浸渍木纹纸等作为贴面，这些家具由于具有木质家具的外观，因此也属木材家具范畴内。大约在1840年，奥地利人米歇尔·索耐特发明了一种新的木材加工方式，通过蒸汽熏蒸，并借助模型、卡具使木材弯曲成各种弧度，再通过干燥定型制成家具构件，这些构件为木质家具带来了前所未有的流畅、轻快的线条。曲木家具技术的开发成功，对家具制造技术产生了很大的影响（图6-25、图6-26）。

2. 竹藤家具

竹藤材质不但质地坚韧、硬度高，并富有弹性和韧性。竹竿、藤芯通过高温蒸汽弯

图6-23　明式黄花梨罗汉床

图6-25　弯曲胶合木凳

图6-24　明黄花梨节圈椅

图6-26　弯曲胶合木椅子

曲成型，可作为家具骨架来使用；篾片、藤皮多与竹竿、藤芯以及木材、金属编织、缠扎配合使用，并可编织成多种图案。竹藤家具的外观造型朴实稳重，优雅流畅，其表面一般不会做过多修饰，以保持其自然的色彩和质地，适用于体现浓郁的自然和乡土气息（图6-27、图6-28）。

3. 金属家具

金属家具是以金属为主要材料制造的

图6-27　索耐特设计的椅子

图6-28　竹藤椅子

家具。金属由于具有优良的力学性能而能够使其产生相对轻薄、细小的结构断面，结实耐用，因此，多作为家具的框架及接合部位的结构及支承材料来使用，往往具有轻巧的造型和工业化味道，常用的金属材料有钢材、铁材、铝合金、铜等。金属家具的构件往往通过挤压、弯曲、铸锻成型，通过焊接、铆接、插接方式进行构件接合，再通过电镀和表面涂饰等手段，对其加以保护并增强其外观效果（图6-29）。历史上最著名的金属家具是由马歇尔·布鲁耶尔于1925年设计的钢管椅子"瓦西里椅"（图6-30）。据说，他骑的"阿德勒"牌自行车采用的镀铬的钢管把手给了他设计这把椅子很大的启发。

4. 塑料家具

塑料家具是指全塑或以塑料为主要原料的家具。20世纪40年代，塑料工业迅速发展并开始用于家具领域。塑料自重轻、强度高、耐腐、耐磨且价格低廉，可呈透明、半透明或不透明等不同的外观，并可以具有丰富的色彩，容易加工成各种形状，因此，具有更多造型上的可能性（图6-31）。在生产过程中，通过注模、挤压、发泡等工艺，可制造成硬塑的整体家具，软垫家具［塑料通过控制密度能够使其具有足够的强度或弹性，可制造出坚硬的家具部件或松软的靠垫（图6-32）；将树脂加入发泡剂可制成泡沫塑料，具有质轻、绝热、隔音等特点］及薄膜类的充气、充水家具等，或是作为家具配件来使用，如合成皮革、编织材料、贴面材料、拉手、滑轮等。

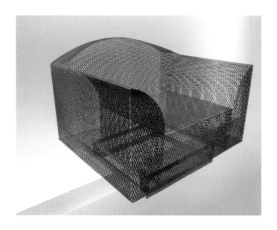

图6-29　金属沙发

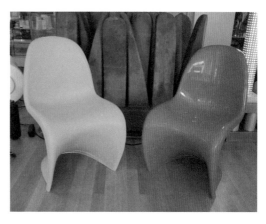

图6-31　塑料椅

图6-30　瓦西里椅

图6-32　带软垫子的靠椅

5. 玻璃家具

玻璃家具包括全玻璃家具和以玻璃为主要部件的家具，通常采用钢化、热弯等工艺加工成型。玻璃家具具有轻盈、晶莹剔透，光泽悦目的特点，利于保持视觉上的开敞性，也可以通过雕刻，喷砂等工艺进行装饰处理（图6-33）。

6. 石材家具

石材制作的家具主要有天然和人造两种，天然石材色彩自然、环保，人造石材色彩丰富，不耐磨。目前，石材多作为面板、基座等局部构件出现在家具中，全部为石材的家具不多见（图6-34）。

7. 织物、皮革家具

织物、皮革多与软垫结合而大量使用，具有柔软温暖、亲切的特点，并能带来极大舒适感，这类材料多用于家具中与人体直接接触的部位。由于具有丰富多彩的花纹图案、多样的肌理，可展现多样化的外观特点。出于实用考虑，织物宜选择耐脏耐磨的材料（图6-35、图6-36）。

（三）按与建筑的相对关系分类

1. 移动式家具

移动式家具是可根据室内的不同使用

图6-33　玻璃组合柜

图6-35　布艺沙发

图6-34　石材家具

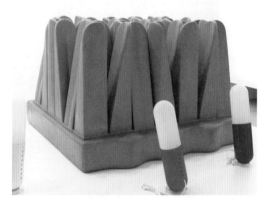

图6-36　皮革饰面的坐具

要求灵活布置和移动的家具，可轻易改变空间的布局。为方便移动，有些家具还设有脚轮。多数室内家具都属于移动式家具（图6-37）。

2. 固定式家具

固定式家具也称建入式家具或嵌入式家具，是指与建筑结合为一体的固定或嵌入墙面、地面的家具。固定式家具可根据空间尺度、使用要求及格调量身定做，由于根据现场条件制作、组装，可使空间得到充分利用，能够有效使用剩余空间，减少了单体式家具容易造成的杂乱、拥挤，使空间免于凌

图6-37　可移动家具

乱和堵塞，但这些家具也有不能自由移动摆放以适应新的功能需要的局限（图6-38）。

（四）按家具的构成分类

1. 单体式家具

单体式家具指功能明确，形式单一的独立家具。绝大部分的桌、椅都为单体式家具（图6-39）。

在组合配套家具产生以前，不同类型的家具，都是作为一个独立的产品来生产的，它们之间很少有必然的联系，人们可以根据不同的需要和爱好选购。这种单独生产的家具不利于工业化大生产，而且各家具之间在形式和尺度上不易配套、统一，因此，逐步为配套家具和组合家具所代替。但也有个别的家具，如里特维尔德的红黄蓝椅，一直为有些人所喜爱。

2. 组合式家具

组合式家具又称部件式家具，包括单体组合式和部件组合式两种类型。单体组合式采用尺寸或模数相通的家具单体相互组合而成（图6-40）；进行组合的单元家具既可以使用功能相同，如组合柜、组合沙发等，也

可以将不同功能类型的家具组合成多功能家具。部件组合式家具采用通用程度较高的标准部件通过不同组装方式构成不同的家具形式，满足不同要求。组合家具产生于第一次世界大战后的德国，消费者可根据实际需要，采用具有模数关系的单元组件随时做互换组合，强调标准化、系列化、通用化，用尽可能少规格的基本部件，通过变换组装方式装配出尽可能多的样式及功能的家具品种。组合式家具搬动方便、组织灵活、适应

图6-39　单体家具

图6-38　展示柜是不可移动家具

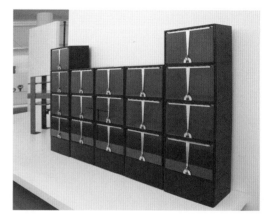

图6-40　组合式家具

性强，同时利于大批量生产及降低成本。

二、室内装饰织物

当代室内设计中，织物已渗透到室内的各个方面，由于它在室内空间中覆盖的面积较大，其花纹、质地、色彩都影响着整个环境的气氛。因而恰当的织物配置，是室内环境氛围创造中非常关键的环节。因为织物具有质地柔软、色泽美观、触感舒适的特殊性质，尤其是与建筑墙体的坚硬与挺直的特性互补，可以起到柔化、点缀空间的作用。在公共场合，织物以点缀形式出现，而在私密空间里，织物则成为制造情调的高手，控制着整个环境的气氛。以下是各种织物的种类及工艺特征。

（一）地毯

地毯给室内空间提供了一个吸声良好、富有弹性的地面，它可以满铺也可以局部铺设，甚至还可以铺毯上毯，以强调局部气氛，形成局部空间的重点部位。一般旅馆、饭店的庄重场合，如会议厅、多功能厅及宴会厅不太适宜花哨的花色，多采用图案简洁、方正，色彩适中的地毯；在餐厅、咖啡厅、娱乐场所则可以用图案大胆，色彩鲜艳的大花地毯，以增加商业气氛（图6-41）。大厅堂内适合用宽边式构图，以增强地域感。小空间，如卧室、标准客房（图6-42）等则可用素色四方连续、暗花纹等地毯，使空间整洁、安静，在门厅、走廊部分则常采用带边的简洁几何图案或小图案、色彩较暖的地毯。常用地毯有纯毛、化纤和混纺材料之分，按制作工艺不同还分为机织与手工，按表面纤维形状不同则分为圈绒、簇绒和圈簇绒混织毯和提花毯等。

（二）窗帘

窗帘用来调节室内光线、温度、声音和阻隔视线，同时具有装饰点缀作用。一般分为纱帘、遮光帘（常与内帘结合）和内帘，以及还有起装饰作用的幔帘（图6-43）。按窗帘的悬挂方式不同，又分为挂钩式、护幔式、卷帘式、吊拉式（又称罗马帘）（图6-44）、直拉式、石叶式和抽褶式等几种。

图6-41　广州长隆酒店大堂休息区

图6-42　上海东郊酒店标准客房

图6-43 窗帘帷幔

图6-44 罗马帘

（三）床上用品及桌布、餐巾

床上用品及桌布、餐巾被统称为覆盖织物。主要为覆盖在家具上，起一定实用性又衬托家具增添美的效果。一般这类织物的花色宜统一，切忌纷乱无章，但可以加局部的亮色作点缀以活跃气氛。由于工业化和产业化进程的加快，批量生产的产品大量走向市场，成套的床上用品、窗帘、餐桌布、餐巾、靠垫已随处可见（图6-45），为室内织物的配套使用提供了极大的方便。

（四）壁挂织物

壁挂织物作为纯装饰性质的织物一般无实用价值（图6-46），但却是调节室内艺术气氛，提高整个环境品位和格调的首选。因其采用的材料多为软质的纯毛、纯丝、纯麻等天然材料（也有化纤），在与人接触的部位，有柔软与舒适的质感，即使为人所不及，也有着温馨、高贵之感的流露。由于它更具有艺术性，因而其编织手法与使用材料都会有一些让人意想不到的独到性，例如，在毛织中加入木材、金属，成为一种混合材料的艺术作品，都是有可能的，并且还

可以由平面艺术转向平面驻阵结合，这些都是壁毯作品创作的灵活性和艺术性所在。壁挂织物包括壁布、天花织物、织物屏风、织物灯罩、布玩具、毛绒玩具、布信袋、编结挂件、手工制作的纸巾盒套、座套、水瓶套等，都是改善室内环境、增添情趣、使居住者与环境相互交融并"增进感情"。这类装饰织物还能更好地体现居住者的审美意趣和个人爱好，又能给外人以一种亲切、温馨、富于人情味的直接感受（图6-47）。

另外，室内织物的组合，应该体现一个统一、整体的设计思想，不能想一个就换一个，不仅浪费钱财，把不合适的东西加进环境，还破坏整体效果，等于又浪费物品。因而统一、整体设计不仅能使室内风格统一、格调高雅，又是节省财力、物力的最佳手段。

三、日用品

日用品既是日常生活必备的工具，又兼作陈设，是每天生活离不开的物品。日用的陶瓷、钟表、灯具等更是既有功能又

图6-45　配套的床上用品、窗帘和沙发套

图6-46　教堂墙面上悬挂的是以圣经内容为题材的挂毯

图6-47　客房中的陈设

极具装饰性的陈设，其质地、花色、造型和做工，都体现着一定的格调及使用者的品位（图6-48）。

（一）灯具

照明设计属于装修设计的范畴，但灯具的选型会直接影响到室内陈设艺术设计的效果，所以影响室内环境氛围的灯具也纳入陈设设计中，尤其是可移动和更换的灯具的配置。因此，陈设部分对灯具的选择基本限定于吊灯（图6-49）、壁灯、台灯（图6-50）、落地灯（图6-51）、射灯等灯具类型。现今的灯具造型丰富多彩，各式各样的造型给室内设计师提供了极大的选择余地。灯具的类型千变万化、品种繁多，在选择的时候一定要注意灯具与室内环境、造型与材料、造型与功能的有机联系，注重照明功能的同时要注重造型的形式美。

（二）家用电器

家用电器是现代家庭不可或缺的组成部分（图6-52），如电视、计算机、投影设备、音箱、影碟机、组合音响，以及空调、冰箱、洗衣机、烤箱、微波炉、洗碗机、厨房设备等（图6-53），都是某些空间的固定陈设物品。随着科技的进步，电器产品也在不断地更新和进步，智能型家用电器不断涌现，已经成为时尚的产品。选择电器的时候，既可以选择最新的产品，也可以选择怀旧的样式。

图6-48　家庭日常用品成为陈设

图6-50　台灯

图6-49　伊斯兰风格的吊灯

图6-51　落地灯

（三）生活用品

生活用品指的是我们日常生活中日常使用的物品，这些物品在室内环境中随处可见，随着生活水平的提高，人们越来越在意这些日常使用物品的样式。在选择和摆放的时候，首先要注意的是使用上的便利，其次要注意与环境的整体协调、统一。

生活用品包括餐具（图6-54）、茶具、咖啡壶、食品盒、花瓶、茶叶罐、纸巾盒等。使用的材质有玻璃，陶瓷，塑料，木制，金属（如金、银、铜、不锈钢）等。

（四）钟表

钟表是一种计时工具，在现代汉语中一般有两层含义，一是各类钟和表的总称，二是专指体积较大的表，尤指机械结构的有钟摆的表。作为陈设品的钟表一般指的是后一种类型，大的落地摆放，中等的可以悬挂在墙面上，小的摆放在桌子或书架上（图6-55）。钟表大多设计独特，造型别致，制作精良，通常集铸造、雕刻、镶嵌等多种工艺于一身。除了审美方面的功能外，钟表还具有一定的机械科技价值和社会文化价值。

（五）乐器

音乐与人的社会生活有着十分密切的关系，在日常生活中我们可以经常听到音乐，音乐以其独特的魅力和特殊的方式影响着人们的社会生活。乐器包括钢琴、小提琴、吉他以及其他民族乐器等（图6-56）。它们是

图6-52 家用电器

图6-54 餐桌上的餐具

图6-53 厨房

图6-55 壁炉上老式钟表

图6-56 室内空间中摆放的钢琴

有些家庭的必备之物，也可以成为有些室内空间的陈设品，尤其是在宾馆大堂、酒吧这些公共场所。

四、艺术品

（一）字画

我国传统的字画陈设表现形式，有楹联、条幅、中堂、匾额以及起分隔作用的屏风、纳凉用的扇面、祭祀用的祖宗画像等。所用的材料丰富多彩，有纸、锦帛、木刻、竹刻、石刻、贝雕、刺绣等。字画篆刻还有阴阳之分、漆色之别，十分讲究；书法中又有篆、隶、正、草之别；画有泼墨工笔、黑白丹青之分，以及不同流派风格，可谓应有尽有。我国传统字画至今在各类厅堂、居室中广泛应用，并作为表达民族形式的重要手段（图6-57）。

西洋画的传入以及其他种类的绘画形式，丰富了绘画的品类和室内风格的表现。油画、水彩画、版画，甚至装饰画、漆画、贝壳画、羽毛画、麦秸画等工艺品画种也逐渐成为人们越来越钟爱的陈设品。

字画是一种高雅艺术，也是广为普及和为群众喜爱的陈设品，是装饰墙面的最佳选择。字画的选择要使内容、品类、风格以及幅面大小等因素符合室内空间的整体氛围，能够起到画龙点睛的作用，如现代派的抽象画和室内装饰的抽象风格就十分协调。

（二）雕塑

雕塑种类繁多，如瓷塑、铜塑、泥塑、竹雕、石雕、晶雕、木雕、玉雕、根雕等，这都是我国传统工艺品，题材广泛，内容丰富，巨细不等，是常见的室内摆设。现代雕塑的形式和种类更加多种多样，抽象的、具象的，静态的、动态的，石膏的、石材的、金属的（图6-58）、实木的，等等。

雕塑有玩赏性和偶像性（如名人、神塑像）之分，它反映了个人情趣、爱好、审美观念、宗教意识和崇拜偶像等。雕塑属于三维空间的艺术，一件栩栩如生的雕塑，在空间氛围的塑造中其感染力常胜于一般意义上的绘画的力量。雕塑的表现效果还取决于空间、位置、光照、背景以及视觉方向等（图6-59）。

图6-57　中国传统绘画

图6-58　门厅中的不锈钢雕塑

图6-59　与休息座椅结合在一起的雕塑

图6-60　农民画

（三）摄影作品

摄影和绘画不同之处在于摄影只能是写实的和逼真的。少数摄影作品经过特技拍摄和艺术加工，也有绘画效果，因此摄影作品的一般陈设和绘画基本相同，而巨幅摄影作品通常作为室内扩大空间感的界面装饰，意义有所不同。摄影作品还可以制成灯箱广告，这是不同于绘画的特点。

由于摄影能真实地反映当地、当时所发生的情景，因此某些重要的历史性事件和人物写照，通常成为值得纪念的珍贵文物，因此，它既是摄影艺术品又是纪念品。

五、民间工艺品

（一）民间绘画

许多来自民间的绘画作品，其内容丰富，常有出乎我们意料的效果。民间绘画作品有的手法朴实，如农民画（图6-60）、年画（图6-61）；有的手法古拙，如民间木版画、木刻；有的作品手法细腻，如剪纸、撕纸等。民间绘画具有强烈的感染力和表现力，是现代室内空间环境中别具一格、具有乡土气息的艺术陈设品。

（二）民间玩具

民间玩具同民间绘画一样，有着无穷的魅力和不尽的意趣，具有地方特色的民间玩具是那些喜欢异域特色的人们所喜爱的对象，是代表各国、各民族民间文化的真正艺术品。如中国的泥娃娃、布玩具、风筝、皮影，荷兰的木鞋（图6-62），俄罗斯的套娃等。

（三）现代工艺品

现代工艺品包括各种漆艺、陶艺、布艺、塑料品、玻璃制品（图6-63）、木制

图6-61 年画

图6-62 荷兰的木鞋

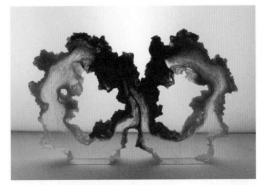

图6-63 玻璃艺术品

品、金属制品等，以简练抽象的造型、恰到好处的点缀，与现代环境相呼应、相匹配，是现代室内环境中必不可少的装饰用品。

六、收藏品

（一）古玩

古玩是指古代遗留下来的，具有收藏、观赏价值的珍贵文物，曰"玩"，是因为其兼有品玩、欣赏与升值的作用。常见的古玩有陶器、瓷器（图6-64）、青铜器、漆器、木器、珠宝、首饰、书画、善本图书、石玩、绣片等，包罗万象，凡是古代遗留下来的、罕见的、有收藏价值的都被人们拿来把玩、收藏。有些古玩配上绝好的装饰及保护罩、盖等，作为陈设品置于案头、架几之上，或悬挂于墙面，既可时时品玩，又可以提高环境的档次和品位。

图6-64　高档酒店的会客厅陈列的具有文物价值的瓷瓶

泛，几乎无法予以规范。这些反映不同爱好和个性的陈设，使不同的家庭各具特色，极大地丰富了居住者的生活情趣（图6-65）。

此外，不同民族、国家、地区之间，在文化经济等方面差异较大，彼此都以奇异的眼光对待异国他乡的物品（图6-66）。我们常可以看到，西方现代家庭的厅室中，挂有东方的画作、古装等，甚至蓑衣、草鞋、草帽等也登上大雅之堂。

（二）个人收藏品和纪念品

个人的爱好既有共性，也有特殊性，家庭陈设的选择，往往以个人的爱好为转移，不少人有收藏各种物品的癖好，如邮票、钱币、字画、金石、钟表、古玩、书籍、乐器、兵器，以及各式各样的纪念品等，这里既有艺术品也有实用品。其收集领域之广

七、盆景

盆景是我国传统园林艺术的瑰宝，以它那富于诗情画意的神奇作用，装点于庭园、厅堂、住宅，使我们可以不出门便可领略林泉高致、幽谷翠屏的美好境界。在传统绿化中，盆景有着悠久的历史和重要作用。它用

图6-65　主人收藏的各种瓷盘

图6-66　具有非洲特色的台灯

植物、山石、瓷雕等素材，经过艺术处理和加工，仿效大自然的秀美山川，塑造出活灵活现的艺术。其艺术手法被称为"缩龙成寸，小中见大"，并给人以"一峰则太华千寻，一勺则江湖万里"的艺术感染力，因而被誉为无声的涛、立体的画。盆景源于自然，又高于自然，是自然美景的高度浓缩。

盆景按其主要取材的区别，分为树桩盆景和山水盆景。

（一）树桩盆景

树桩盆景又称桩景，一般选用株矮、叶少、寿命长，适合性强的植物做原型，经修剪、整枝、吊扎和嫁接等加工，并精心加以培育，长期控制其生长，从而形成人们所希望的造型。所造盆景有的苍劲古朴，有的疏影横斜，有的屈曲盘旋，有的枝叶扶疏亭亭玉立。桩景的种类非常丰富，主要有直干式、蟠曲式、斜干式、横板式、悬崖式、垂板式、提根式、丛林式、寄生式等，此外还有云片、劈干、顺风、疏板等形式（图6-67）。

（二）山水盆景

山水盆景是将山石经过雕琢、拼接、腐蚀等处理，放置于形状各异的浅盆中，点缀以亭榭、舟桥、人物，并配植小树、苔藓，构成山水景观。山石因其软硬不同可分为硬石与软石：硬石，如石英石、太湖石、钟乳石、斧劈石、木化石等，不吸水，难长苔藓；软石，如鸡骨石、芦管石、浮石、砂积石等，易吸收水分，易长苔藓。

山水盆景的造型有孤峰式、重叠式、疏密式等。各地的盆景又与石料的艺术加工手法的不同各有所长（图6-68）。

另外还有微型盆景和挂式盆景，皆以小巧玲珑，精致秀美见常，小者可一手托多个，置于架格悬挂于墙上，是书房最适宜不过的陈设。

盆景的盆和几架，是品评盆景好坏不可缺少的部分，并有"一景二盆三几架"之说。盆一般有紫砂、瓷盆、理石盘、钟乳石云盘，还有以树蔸作盆的作法。几架材料非常考究，红木、斑竹、根根等均有，或古典古色，或轻巧自然。

八、插花

插花又叫切花，是切取植物的花、叶、

图6-67　树桩盆景

图6-68　山水盆景

果实及根须作为材料，插入各种容器，并经一定的艺术处理，形成的自然、精美的花卉饰品。作为一种艺术，插花不仅可以带给人美的享受和喜悦，还能使人在插花过程中体验美的创造，陶冶美的情操和美的修养。由于不同国家、民族和地区，对于花的喜好不同，插花也有着各自不同的特色。

根据花材的不同，插花可分为鲜插、干插、干鲜混合和人造花插花。根据地域的不同又可以分为东方式的线条式插花和西方式的立体式插花。根据用途分类，又可以分为礼仪插花和艺术插花。其中东方插花以中国和日本为代表，选用的花材简单，具有清雅的内在之美，以姿态取胜，追求抽象的意境（图6-69）。日式插花因作为一种成熟的民间艺术较程式化，比较讲究章法。中式插花较重视构思和主题，在风格上和形式上无定势，因而较自由、不拘泥。西式插花注重的是花材的花形、色彩等外在美，追求块面效果和整体关系，构图较对称、色彩浓艳、厚重、端庄大方、雍容华丽、热情奔放（图6-70）。

（一）插花的立意与构图

立意与构图是进行插类操作之前的必要准备。立意是根据花材的形状特征和象征性含义进行构思，这是传统中式插花的开端，也是最常用手法。例如，松、竹、梅、菊的象征性，就常用来做中式插花的主题，其中松之智慧长寿、高洁不屈，梅之傲雪凌寒、坚韧不拔，竹之高风亮节、坚贞不屈，菊之有诗有酒有古今酬和的君子之物等，以此为立意的插花作品也必定表达了美好纯洁的内心思想和美好愿望。构图是根据花材的形状，进行巧妙构思，以力图达到一种统一、协调、均衡和富于韵律感的构图形式。按外轮廓形状，构图一般分为对称式、不对称式、盆景式和自由构图式。根据主要花材在容器中的位置和形态可分为直立式、下垂式、倾斜式和水平式。

（二）插花的工具与步骤

插花的工具主要有刀、剪、花插、花泥、金属丝、水桶、喷壶、小手锯、小钳子，另外有时还需有一些小木条或小树枝，

图6-69　简洁大方的现代插花

图6-70　现代插花艺术

以作备用。插花专器有各种花瓶、盆，各种碗、碟、杯、筒以及能盛水的各种容器。

插花由选材开始，被选择的花材应生长旺盛、强健、无病虫害、无伤、花期长，水分充足，花色明丽亮泽，花梗粗壮，无刺激气味，不污染衣物。花材确定之后，对花材的切口进行处理，一般花材应清晨剪取，以便有良好的保水性，尽量在水中切取，并用沸水或火焰灼烧切口，切口为斜，以扩大吸水面积。在插配前，还应先根据花器、花枝的长度确定作品大小，然后才进行剪切花板，具体插配。一般大型作品高度可达100～200cm，中型40～80cm，小型15～30cm，微型不足10cm。而花束与容器的比例关系以最长的花枝为容器高度加上容器口宽的1～2倍为宜。

九、观赏动物、植物

在陈设品中还有一类是有生命的，也就是花、鸟、鱼、虫，它们的存在能增加室内环境的活力。鸟、鱼需要相应的容器，因此容器样式的选择和摆放的位置和方式就显得尤为重要。观赏植物的种类繁多，摆放形式多样。植物是室内陈设不可缺少的点睛之笔，没有绿色的室内会显得单调、乏味，甚至没有生机。关于绿化后文有详细介绍，此处不再赘述。

第二节

陈设的选择原则

陈设品的选择要"服从整体，统中求变"，选择与室内整体风格相协调的陈设，容易取得整体性的统一，强化空间特点（图6-71）；选择与室内整体风格对比的陈设，可获得生动活泼的趣味，但不宜过多，应少而精，多则易乱。

一、家具的选用原则

家具在环境中，尤其是室内环境中，是体现具体功能的主体，没有家具的环境不会

图6-71　陈设与环境在风格上统一

是一个完整的环境，而家具形式、质量糟糕的环境，其整体效果一定也很糟。可以说，室内环境中的界面实际是环境的背景，而家具则是环境中的主角，它的进入与陈列，才构成室内环境的主调，再配以其他陈设才完成整个环境的艺术效果。家具在室内的配置与室内环境的整体风格应该一致、协调，统一在一个主题之下。因而针对不同环境、不同使用者、不同经济条件、不同审美水平，其家具的配置与摆放也不相同，在具体情况下应予以具体的分析。

家具与人们的工作、学习和生活息息相关，庞大而种类繁多的家具家族几乎可以满足我们所有的使用要求，人们利用家具承载身体、收藏和展示物品等日常应用，也可以用家具围合、划分出不同的功能区域，组织人们在室内的行动路线。因此，家具不但要有适宜的材料与结构，足够的强度和耐久性，还应基于人体工程学，从人体的动、静状态出发，设定相合的尺度，以满足使用时的舒适、方便及合理。另外，还应有效利用室内面积，兼顾利于摆放组合和便于日后的维护保养，以及良好的经济性等原则

（图6-72）。

家具不仅是一种实用的功能产品，同时还具有一定的审美价值，不同民族、国家地区，不同时代家具的形态有所变化，并随着生产力水平的提高和人们审美素质的提高而不断变化。

家具因为其直接来源于生活并且与之相适应，肯定会成为蕴含和传达鲜明的时代、地方特点和文化信息的载体。由于家具是人们在室内空间中的直接视觉感受物，在空间构图中由于界面的陪衬，地位突出，成为室内空间的主角，其风格、造型、材质、色彩、尺度、数量和配置关系等因素在很大程度上烘托或左右室内空间的气氛和格调。因此，在体现室内艺术效果中，家具担当着重要的角色，作为空间组成部分的家具应与室内空间的总体风格相谐调，与整体环境相匹配（图6-73）。除了可以丰富空间、增加层次、调节色彩关系、满足审美的情趣外，家具还可以用来表达个性、品位，营造、烘托特定的氛围，以及体现特有的内涵，如宫廷家具，通过加大它的体量和尺度来传达皇权的威严、尊贵和至高无上。另外，有些家具

图6-72　家中朴素实用的陈列架

图6-73　香港太平洋酒店大厅

甚至演变为供专门观赏的陈设艺术品，只是为了烘托、营造氛围而存在，其实用功能已居于次要地位了。

二、其他陈设品的选用原则

在现实生活中，人们因为生存环境、教育水平、经济地位、文化习俗、个人修养、职业特点、生活习惯等的不同有不同的功能和审美需求，因此在选用陈设品上因人而异，即便在同一个室内环境中，可能会获得截然不同的效果。但在选择的过程中，依然可以遵循一般的形式美法则，可以根据室内环境的功能需求、样式风格和空间形态，确认陈设品的类型、形状、体量、尺度、色彩、肌理、质感、位置等（图6-74）。

（1）根据功能的需要来确认陈设品是功能性的还是装饰性。

（2）根据环境的风格样式，选择陈设的主题表达。

（3）根据空间的大小和形态，确认陈设品的尺度和形态。

（4）根据墙面的形状、色彩和肌理，考虑陈设品的形状、色彩和肌理。

（5）根据使用者的身份，确认文化感的表达。

陈设品有的是具有实用功能，有的是起到纯粹的装饰作用，随着人们生活水平的提高和环境的精致化，陈设品无论如何都要具有一定的审美价值，无关乎价值的高低，在功能中追求美感和精致是我们的选择。在选择陈设品时，其价值、价格是无法回避的，需要遵循以人为本，兼顾经济、习俗、文化等多方面因素综合分析考虑。

图6-74 喀什旧城中的一家咖啡馆

第三节

陈设的布置原则和方式

一、家具的布置原则和方式

（一）家具布置与空间的关系

1. 位置合理

室内空间的位置环境各不相同，在位置上有靠近出入口的地带、室内中心地带、沿墙地带或靠窗地带，以及室内后部地带等区别，各个位置的环境如采光效率、室外景观、交通影响也各不相同。应结合使用要求，使不同家具的位置在室内各得其所，例如，宾馆客房，床位一般布置在暗处，休息座位靠窗布置；在餐厅中常选择室外景观好的靠窗位置；客房套间把谈话、休息处布置在入口的位置，卧室在室内的后部等。

2. 方便使用

同一室内的家具在使用上都是相互联系的，如餐厅中餐桌、餐具和食品柜，书房中书桌和书架，厨房中洗、切、蒸煮等设备与橱柜、冰箱等的关系，它们的相互关系是根据人在使用过程中达到方便、舒适、省时、省力的活动规律来确定的。

3. 改善空间

空间是否完善，只有当家具布置以后才能真实地体现出来，如果在未布置家具前，原来的空间有过大、过小、过长、过狭等都

可能有某种缺陷的感觉。但经过家具布置后，可能会改变原来的面貌而恰到好处。因此，家具不但丰富了空间内涵，而且常是借以改善空间、弥补空间不足的一个重要因素，应根据家具的不同体量大小、高低，结合空间给予合理的、相适应的位置，对空间进行再创造，使空间在视觉上达到良好的效果。

4. 利用空间

建筑设计中的一个重要的问题就是经济问题，这在市场经济中更显重要，因为地价、建筑造价持续上升，投资巨大，作为商品建筑，就要重视它的使用价值。一个电影院能容纳多少观众，一个餐厅能安排多少餐桌，一个商店能布置多少营业柜台，这对经营者来说不是一个小问题。合理压缩非生产性面积，充分利用使用面积，减少或消灭不必要的浪费面积，对家具布置提出了相当严峻甚至苛刻的要求，应该把它看作是杜绝浪费、提倡节约的一件好事。当然也不能走向极端，踏上唯经济论的错误方向。在重视社会效益、环境效益的基础上，精打细算，充分发挥单位面积的使用价值十分重要。特别是对大型建筑来说，如居住建筑，充分利用空间应该作为评判设计质量优劣的一个重要

指标。

（二）家具形式与数量的确定

现代家具的比例尺度应和室内净高、门窗、窗台线、墙裙取得密切配合，使家具和室内装修形成统一的有机整体。

家具的形式往往涉及室内风格的表现，而室内风格的表现，除界面装饰装修外，家具起着重要作用。室内的风格往往取决于室内功能需要和个人的爱好和情趣。历史上比较成熟有名的经典家具设计作品，往往代表着那一时代的一种风格而流传至今。同时由于旅游业的发展，各国交往频繁，为满足不同需要，需反映各国乃至各民族的特点，以表现不同民族和地方特色，而采取相应的风格表现。因此，除现代风格以外，常采用各国各民族的传统风格和不同历史时期的古典或古代风格。

家具的数量决定于不同性质的空间的使用要求和空间的面积大小。除了影剧院、体育馆等群众集合场所家具相对密集外，一般家具面积占室内总面积不宜过大，要考虑容纳人数和活动要求以及舒适的空间感，尤其是活动量大的房间，如客厅、起居室、餐厅等，更宜留出较多的空间。小面积的空间，应满足最基本的使用要求，或采取多功能家具、悬挂式家具以留出足够的活动空间。

（三）家具的布置方式

应结合空间的性质和特点，确定合理的家具类型和数量，根据家具的单一性或多样性，明确家具布置范围，以达到功能分区合理。组织好空间活动和交通路线，使动静分区分明，分清主体家具和从属家具，使相互配合，主次分明。安排组织好空间的形式、形状和家具的组、团、排的方式，达到整体和谐的效果，在此基础上还需进一步从布置格局、风格等方面考虑。从空间形象和空间景观方面，使家具布置具有规律性、秩序性、韵律性和表现性，以获得良好的视觉效果和心理效应。因为一旦家具设计和布置确定后，人们就要去适应这个现实存在的空间。

无论在家庭还是公共场所，除了个人独处的情况外，大部分家具使用都处于人际交往和人际关系的活动之中，如家庭会客、办公交往、宴会欢聚、会议讨论、车船等候、逛商场或公共休息场所等。家具设计和布置，如座位布置的方位、间隔、距离、环境、光照，实际上往往是在规范着人与人之间各式各样的相互关系、等次关系、亲疏关系（如面对面、背靠背、面对背、面对侧），影响到安全感、私密感、领域感。形式问题影响心理问题，每个人既是观者又是被观者，人们都处于通常说的"人看人"的局面之中。

因此，当人们选择位置时必然对自己所处的地位、位置做出考虑和选择，英国阿普·勒登的"了望——庇护"理论认为，自古以来，人在自然中总是以猎人——猎物的双重身份出现，他（她）们既要寻找捕捉的猎物，又要防范别人的袭击。人类发展到现在，虽然不再是原始的猎人猎物了，但是，保持安全的自我防范本能和警惕性还是延续下来，在不安全的社会中更是如此，即使到了十分理想的文明社会，安全有了保障时，还有保护个人的私密性意识存在。因此我们在设计布置家具的时候，特别是公共场所，应满足不同人群的心理需要，充分认识不同的家具设计和布置形式代表了不同的含义，例如，一般有对向式、背向式、离散式、内聚式、主从式等布置，它们所产生的心理作用各不相同。

1. 根据家具在空间中的位置分类

（1）周边式。家具沿四周墙壁布置，留出中间空间位置，空间相对集中，易于组织交通，为举行其他活动提供较大的面积，便于布置中心陈设（图6-75）。

（2）岛式。将家具布置在室内中心部位，留出周边空间，强调家具的中心地位，显示其重要性和独立性，周边的交通活动保证了中心区不受干扰和影响（图6-76）。

（3）单边式。将家具集中在一侧，留出另一侧空间（常成为走道）。工作区和交通区截然分开，功能分区明确，干扰小，交通成为线形，当交通线布置在房间的短边时，交通面积最为节约（图6-77）。

（4）走道式。将家具布置在室内两侧，中间留出走道。这样可节约交通面积，但交通对两边都有干扰，一般客房活动人数少这样布置。

2. 根据家具布置与墙面的关系分类

（1）靠墙布置。充分利用墙面，使室内留出更多的空间。

（2）垂直于墙面布置。考虑采光方向与工作面的关系，起到分隔空间的作用。

（3）临空布置。用于较大的空间，以形成空间中的空间。

3. 根据家具布置格局分类

（1）对称式。显得庄重、严肃、稳定而静穆，适合于隆重、正规的场合。

（2）非对称式。显得活泼、自由、流动而活跃。适合于轻松、非正规的场合。

（3）集中式。常适合于功能比较单一、家具品类不多，且房间面积较小的场所，可组成单一的家具组。

（4）分散式。常适合于功能多样、家具品类较多，且房间面积较大的场合，可组成若干个家具组或团。

不论采取何种形式，均应有主有次，层次分明，聚散相宜（图6-78）。

图6-75　中国国家博物馆贵宾接待室

图6-76　岛式布置家具

图6-77 靠边布置家具

图6-78 三亚喜来登酒店大堂

二、其他陈设品布置的原则和方式

（一）布置原则

1. 陈设的造型

小面积陈设的造型，包括色彩、图案、质感等因素，往往强调与整体环境的对比以产生生动活泼的气氛，可丰富室内视觉效果，打破单调、统一的僵局，但数量不宜过多，否则易琐碎（图6-79）；面积较大的陈设品，如地毯、床单、窗帘等对于整体环境的影响极大，造型变化应有所节制，以防造成室内的杂乱，失去整体感。因此，一般情况下小面积陈设宜与背景形成对比效果，大面积陈设宜强调统一（图6-80）。另外，各陈设品之间也应有主次尊卑，形成秩序。

2. 构图均衡、尺度适当

不同的室内陈设品，由于面积、数量、位置及疏密关系的不同，必然会与邻近摆放的其他物品发生不同关系。采用对称式构图关系很容易获得平衡感（图6-81），严肃、端正。类似杠杆原理的不对称式构图则自然、随意（图6-82）。摆放空间的尺度也要适当，陈设数量过多、尺度过大时，室内空间容易拥挤堵塞；陈设过少、过小，室内空间则容易空旷、琐碎。此外，还应注意欣赏者的视觉条件、视觉范围，高大物品应留出可供后退的观赏距离，小的物品应允许观者

图6-79 北京阆会所

图6-80 陈设造型的对比与统一

图6-81　构图均衡的陈设

图6-82　构图均衡的陈设

近前仔细品味、研究。

3. 强调与削弱

利用摆放的位置（如空间轴线、人流交汇处、轴线尽端等地带），投射灯光等手段，可以强调中心和主题，突出主体，削弱次要，适宜的高度和灯光效果还会宜于物品的观瞻（图6-83）。

（二）布置方式

1. 墙面陈设

墙面陈设一般以平面陈设品为主，如绘画作品、摄影作品、浅浮雕作品等（图6-84），以及小型的立体饰物，如动物头骨、壁灯、木隔扇、刀、枪、弓箭等。凡是可悬挂在墙上的物品都可采用钉挂、张贴方式与墙面进行连接。也可将立体陈设品放在壁龛中（图6-85），如瓷器、雕塑、花卉等，并配以灯光照明，也可在墙面设置悬挑轻型搁架以存放陈设品。墙面上布置的陈设常和家具发生上下对应关系，既可以是正规的，也可以是较为自由活泼的形式，可采取垂直或水平伸展的构图，组成完整的视觉效果。墙面和陈设品之间的大小和比例关系十分重要，留出相当的空白墙面，使视觉获得

图6-83　上海东郊克拉克海奇休闲健身中心

图6-84　墙面陈设

休息的机会。如果是占有整个墙面的壁画，则可视为起到背景装修艺术的作用了。

此外，某些特殊的陈设品，可利用玻璃窗面进行布置，如剪纸窗花以及小型绿化。在窗口布置绿色植物，叶子透过阳光，可产生半透明的黄绿色及不同深浅的效果。如布置在窗口的一丛白色樱草花及一对木雕鸟，半透明的花和鸟的剪影形成对比。

2. 台（桌）面陈列

将陈设品陈列于水平台（桌）面上，是室内空间中最常见的陈列方式。桌面摆设包括不同类型和情况，如办公桌、餐桌、茶几、会议桌以及略低于桌面靠墙或沿窗布置的储藏柜和组合柜等。桌面摆设一般选择小

图6-85 壁龛陈设

图6-86 台面陈设

巧精致、宜于微观欣赏的材质制品，并可即兴灵活更换。桌面上的日用品常与家具配套购置，选用和桌面协调的形状、色彩和质地，常起到画龙点睛的作用，如会议室中的沙发、茶几、茶具、花盆等，须统一风格，并注意与陈列家具的主次，对比关系（图6-86）。

3. 橱架陈设

橱架陈设是一种兼具贮存作用的展示形式。由于橱架的介入，容易获得整齐有序感，对陈列物品还起到一定的保护作用，并能提高空间的利用率（图6-87）。

数量大、品种多、形色多样的小陈设品，多采用分格分层的搁板、博古架或特制的装饰柜架陈列展示，这样可以达到多而不繁、杂而不乱的效果。布置整齐的书橱书架，可以组成色彩丰富的抽象图案效果，起到很好的装饰作用。壁式博古架，应根据展品的特点，在色彩、质地上起到很好的衬托作用。

4. 落地陈设

落地陈设适用于大型的装饰品，如雕塑、瓷瓶、绿化、落地灯等，多布置在大厅

图6-87 王府井希尔顿酒店大堂吧

的中央成为视觉的中心，最为引人注目。也可放置在厅室的角隅、墙边或出入口旁、走道尽端等位置，作为重点装饰，可起到视觉上的引导作用和对景作用。同时还具有分隔空间、引导人流的作用，但会占据一定的地面面积。大型落地陈设不应妨碍工作和交通流线的通畅，一般情况下不宜过多（图6-88）。

5. 悬挂陈设

悬挂陈设多用于较为高大的空间，可充分利用空间，且以不影响、妨碍人的活动为原则，并可丰富空间层次，创造宜人尺度。常用的悬挂陈设有灯具、织物、设施构件（图6-89）、金属动态雕塑（图6-90）、绿化等。悬挂陈设可以弥补空间空旷的不足，并有一定的吸声或扩散的效果，居室也常利用角隅悬挂灯具、绿化或其他装饰品，既不占面积又装饰了枯燥的墙边角隅。

图6-88　陈设在交通空间中的落地雕塑和悬挂雕塑

图6-90　赫尔辛基音乐厅大厅中悬挂的动态雕塑

图6-89　香港机场快轨车站中悬挂的动态雕塑

?

思考与练习

1. 简述家具的功能和作用。

2. 家具的类型有哪些？

3. 家具的选用和布置原则是什么？

4. 陈设品的类型有哪些？

5. 陈设品选择和布置的原则是什么？

第七章

室内装饰材料

材料是从事建造和造物活动的基础。人类从诞生的那一天起，就与材料发生了一种互为关系。似乎可以这样认为，人类文明的历史其实就是人类发现材料、利用材料和制造材料的历史。

材料的使用还反映着一个时期科学技术和生产力的发展水平，新材料的发现和使用，会带来技术的变革，如光敏材料、记忆材料、光导纤维、超导材料、纳米材料等的发现和利用，正在改变着人们生活的方方面面。

第一节

装饰材料的质感与肌理

构成室内的各种要素除了自身的形、色以外，它们所采用材料的质地及它的肌理（纹理）与线、形、色一样传递信息。人们与这些材料直接接触，因此材料的质地就显得格外重要。材料的质感在视觉和触觉上同时反映出来，但质感给予人的美感中还包括了快感，比单纯的视觉现象略胜一筹。

在多数情况下，天然材料都需要经过适当的人工处理才能使用。要充分表现材料的质感，不仅应考虑材料的特性，运用对比的手法相互映衬，还要配合光线、色彩、造型等其他视觉条件。例如，贴近物体表面侧向投射的光线，可以使粗糙的材料更显得凹凸不平，增强其立体感，而垂直投射的光线，则可以减弱或掩盖墙面不平的缺陷。

由于施工材料的丰富性和复杂性，材料的质感也很难用语言准确地表达清楚，但我们可以使用一些相互对立的概念对其进行概括、区分，以便我们在设计和选择材料时，能够恰当地把握材料的感觉。装饰材料的外观质感大致上可以分为粗犷与细腻、粗糙与光洁、坚硬与柔软、温暖与寒冷、华丽与朴素、厚重与轻薄、干涩与润滑、锋利与迟钝、清澈与混沌、透明与不透明等。

了解和体会各种不同材料的质感，是进行材料计划的基础，只有在积累了对各种材料的感性认识的基础上，才有可能在众多的材料中做出恰当的选择。

一、质感

所谓质感是指材料本身的属性与加工方式所共同表现在物体表面上的视觉感受，是由材料肌理及色彩等材料性质与人们日常经验相吻合产生的材质感受。由于各种装饰材料的分子结构、密度的不同，使材料具有了不同的性状，其表面也体现出不同的特征。如材料的软与硬、光滑与粗糙、冷与热，以及两个对立面之间的中间状态等感觉。

人对材料的感知主要通过触觉和视觉来获得，由触觉获得的经验，如软与硬、粗糙与细腻，都可由经验的作用，直接由视觉判断来获得。

材料表面的质感也可以因人为加工而改变，如刨切、刻划、研磨、敲击、锻压等，都会使材料的表面发生变化，这种变化能够体现出人工的精巧、细腻、严整和规范。

（一）粗糙和光滑

表面粗糙的材料有很多，如石材、未

加工的原木、粗砖、磨砂玻璃、长毛织物等。光滑的材料如玻璃、抛光金属、釉面陶瓷、丝绸、有机玻璃。同样是表面粗糙的材料也会有不同的质感，如粗糙的石材墙面（图7-1）和长毛地毯（图7-2），质感完全不一样，一硬一软、一重一轻，后者比前者有更好的触感。光滑的金属镜面和光滑的丝绸，在质感上也有很大的区别，前者坚硬，后者柔软。

（二）软与硬

许多纤维织物都有柔软的触感，如纯羊毛织物虽然可以织成光滑或粗糙的质地（图7-3），但摸上去都是很柔软的。棉麻为植物纤维，耐用、柔软，为轻型的蒙面材料或窗帘用。玻璃纤维织物从纯净的细亚麻布到重型织物有很多品种，它易于保养、能防火、价格低，但其触感大多不太舒服。坚硬的材料如砖石、金属、玻璃，耐用耐磨，不变形，线条挺拔。晶莹明亮的硬材使室内很有生气，但从触感上说，光滑柔软会更舒服（图7-4）。

（三）冷与暖

质感的冷暖表现在身体的触觉上，如座面、扶手、躺卧之处，都要求柔软温暖，金属、玻璃、大理石都是很冰冷的室内材料，如果用多了可能产生冷漠的效果。但在视觉上由于色彩的不同，其冷暖感也不一样，如红色花岗石和大理石触感较冷，但视感还是温暖的；而白色羊毛触感是暖的，视感却是冷的（图7-5）。选用材料时应两方面同时考虑。木材在表现冷暖软硬上有独特的优点，比织物要冷，比金属、玻璃要暖；比织物要硬，比石材又较软，可用于许多地方，既可作为承重结构，又可作为装饰材料，同时又便于加工，更适宜做家具（图7-6）。

图7-1 石条饰面的柱子与玻璃等光洁表面的材料形成鲜明的对比

图7-2 柔软的地毯让人感到亲切温暖

图7-3 钓鱼台国宾馆18楼总统套房卧室

图7-4　东京都新市政厅大堂

图7-5　冷色的地毯让人觉得冷淡

图7-6　洛杉矶迪士尼音乐厅接待厅（木材的使用）

（四）光泽与透明度

许多经过加工的材料具有很好的光泽感，如抛光金属、玻璃、磨光花岗石、大理石、搪瓷、釉面砖、瓷砖等，通过镜面般光滑表面的反射，能使室内空间感扩大。同时映出光怪陆离的色彩，是丰富活跃室内气氛的好材料。光泽表面易于清洁，比较明亮，多用于厨房、卫生间（图7-7）。

透明度也是材料的一大特性。透明、半透明材料有玻璃、有机玻璃、丝绸等，利用透明材料可以增加空间的广度和深度。在空间感上，透明材料是开敞的，不透明的材料是封闭的；在物理性质上，透明材料具有轻盈感，不透明材料具有厚重感和私密感。例如，在家具布置中，利用玻璃面茶几的透明性，可使较狭隘的空间显得更宽敞一些。半透明材料隐约可见背后的模糊景象，在一定情况下，比透明材料的完全暴露和不透明材料的完全隔绝具有更大的魅力（图7-8）。

（五）弹性

弹性材料在受相同力时比硬材料的形变要大，接触面大令使用者更有包覆感；弹性材料对使用者作用力方向的支撑力比软材料更好，其兼具软、硬材料的优势。人们走在地毯上要比走在石材地面上更舒适，坐在有弹性的沙发上比坐在硬面椅上要舒服。弹性材料包括泡沫塑料、泡沫橡胶等，竹、籐、木材也有一定的弹性，特别是软木（俗称水松），具有非常好的弹性。弹性材料主要用于地面、床和座面，给人以特别的触感（图7-9）。

图7-7　酒店标准客房的卫生间

图7-8　玻璃的透与不透之间更能吸引人的目光

二、肌理

肌理是指材料表面因内部组织结构而形成的有序或无序的纹理，其中包括对材料本身经再加工形成的图案及纹理（图7-10）。

材料的肌理较丰富，有均匀无线条的、水平的、垂直的、斜纹的、交错的、曲折的等自然纹理。保留天然的色泽、肌理比刷上油漆更有视觉效果。某些大理石的纹理是人工无法达到的天然图案，可以作为室内的欣赏装饰品。肌理组织十分明显的材料，必须在拼装时特别注意其相互关系，以及其线条在室内所起的作用，以便达到统一和谐的效果。在室内装饰材料的肌理纹样过多或过分突出时也会造成视觉上的混乱，这时应更替匀质材料。

有些材料可以通过人工加工进行编织形成肌理效果，如竹、藤、织物；有些材料可以进行不同的组装拼合，形成新的构造质感，使材料的轻、硬、粗、细等得到转化。

图7-9　丹麦奥尔堡大学教学楼教室地面是PVC卷材

图7-10　石材的天然肌理

第二节

装饰材料的类型

室内装饰材料的范围非常广泛，大体上可以分为木材、石材、玻璃、陶瓷、金属、建筑塑料、装饰卷材、装饰涂料等几种。

一、木材

木材是人类最早使用的材料之一，它材质轻、强度高，具有较好的弹性和韧性，耐冲击、耐振动性能好。木材比较容易加工和进行表面装饰，而且具有优美的纹理和柔和温暖的质地，同时木材还对电、热、声具有良好的隔绝性能。但由于木材的吸湿性，它在干燥前后的材质变化较大，因而木材需干燥到与其使用的地方水分含有率相符合时才不会变形、开裂。木材的分类及其基本性质有如下几种。

（一）天然木材

天然木材根据木材树叶的外观形状可以分为阔叶材和针叶材两大类。

1. 阔叶材

阔叶材的树干通直部分较短，材质硬且重，故称为硬木树。因强度较大，容易胀缩、翘曲变形，且易开裂，较难加工。但有些树种纹理美观，是室内装修及家具制作的良好用材。常用的有水曲柳、榆木、柞木

（又称麻栎或蒙古栎）、桦木、铙木（又叫槭木或枫木）、椴木（又叫紫椴或籽椴，质较软）、黄菠萝（又叫黄檗或黄柏）及柚木、樟木、榉木等，其中榆木、黄菠萝、柚木等多用作高级木装修。

2. 针叶材

针叶材树干通直高大、纹理平顺、材质均匀，表面密度和膨胀变形小，耐腐蚀性强，易于加工，多数质地较软，故又称软木树。常见的有红松（也叫东北松）、白松（也叫臭松或臭冷杉）、獐子松（海拉尔松）、鱼鳞松（也叫鱼鳞云杉）、马尾松（也叫本松或宁国松，纹理不匀，多松脂，干燥时有翘裂倾向，不耐腐，易受白蚁侵害。一般只可做小屋架及临时建筑，不宜做门窗）及杉木（又叫沙木）等。这类木材多为建筑工程中主要用材，多用作承重构件，也用于室内装修和家具。

（二）人造板材

天然木材生长周期长，而木材又是人类大量使用的材料。对木材的过度消耗，使地球的森林资源日益匮乏，同时还带来了日趋严重的环境问题。为了合理地利用木材，提高木材的使用效率，人们将木材加工过程中产生的边角料，以及小径材等木料，以先进

的加工设备和不断进步的黏结技术，制造质量不断提高的人造板材来逐渐替代天然木材。

人造板材分为人造板和集成材（图7-11、图7-12）。

1. 人造板

人造板包括胶合板、纤维板、刨花板、细木工板、空芯板、定向木片层压板以及各种贴面饰面材。

（1）胶合板。胶合板是将厚木材经蒸煮软化后，沿年轮方向旋切成大张单板，经剪切、组坯、涂胶、预压、热压、裁边等工序而制成的板材。单板的层数一般为奇数，3～13层，组坯时将相邻木片纤维垂直组合，常见的有3厘板（3cm厚）、5厘板（5cm厚）、9厘板（9cm厚）和多层板。胶合板既可以做基层板，也可以使用富有良好装饰效果的优质木材作为胶合板的饰面来使用，是室内装修和家具制作的常用饰面材料。

（2）纤维板。纤维板是将板皮、木渣、枝丫、剩废料、刨花（纤维不破坏状况下）、小径材等，经切碎、蒸煮、研磨成木浆后加入石蜡和防腐剂，再经过过滤、施胶、铺装、预压、热压等工序制成的板材。由于成型时温度与压力不同，又分为硬质（高密板）、中硬质（中密板）与软质三种板材。目前应用较多的是中硬质纤维板，即中密度板。由于中密度板内部组织均匀，握钉力较好，平整度极好，而且不容易开裂、翘曲和变形，抗弯强度较高。中密度板的表面还可以雕刻、铣形处理，为家具常用板，也可作为贴面基材使用。

（3）刨花板。刨花板是将木材加工剩余物，如枝丫、小径板以及纤维未破坏之碎料等切削成片状，经干燥、施胶、加硬化剂，再经铺装、预压、热压、裁边等工序制成的板材。根据铺装方式不同可分为普通刨花板与定向刨花板。普通刨花板上下为均匀的细

图7-11 SOM设计的奥克兰教堂室内环境

图7-12 以木装修为主的室内环境

刨花，中间为粗大的刨花，材质均一，握钉力较好，多为家具用板；定向刨花则通体为大片刨花，握钉力较差，多为建筑用板。刨花板强度低，边缘易吸湿变形和脱落，但平整度好，价格较低，多作为基材使用。

（4）细木工板。细木工板又称大芯板，是由上、下两层单板（旋切单板）中间夹有木条拼接而成的芯板经热压制成，芯板间留有细小空隙，固性能较稳定，握钉力好，硬度、强度、耐久度均佳，但表面平展度稍次于刨花板及中密度，多用于装修用材中的基层板。

（5）空芯板。空芯板又称蜂窝板，是由上、下两层单板，经热压贴在四周有木框，中间为蜂窝状、波形、格形和叶形等填充材料上粘接而成的一种板材。常用的面板是浸渍过合成树脂（酚醛、聚酯等）的牛皮纸、玻璃布或不经树脂浸渍的胶合板、纤维板、石膏板等。其特点是强度大、重量轻、受力均匀、抗压力强、导热性低、抗震性好、不易变形、隔音性好，是装修及活动房屋常用板材。

（6）定向木片层压板。定向木片层压板又称欧松板，国际上通称为OSB，是一种新型结构装饰板材，采用松木碎片定向排列，经干燥、施胶、高温、高压而制成。与其他人造板材相比，欧松板的甲醛释放量几乎为零，同时其抗冲击能力及抗弯强度远高于其他板材，并能满足一般建筑及装饰的防火要求，可用于墙面、地面等处以及用于家具制作。

（7）饰面材。饰面材包括薄木皮、浸渍纸、防火板等几种。薄木皮是指将此类木材经蒸煮软化后，旋切（山形花纹）或刨切（直纹）成0.1～1mm厚的薄木片，再经拼接、胶合或用坚韧的薄纸托衬形成的贴面材料，多为卷材。其特点是木纹逼真、质感强，花纹美丽，使用方便。浸渍纸是经照相制版，绘制成各种木材纹理的仿真纸皮，经浸渍三聚氰胺树脂，形成浸渍纸，使用时用热压机加热即可贴在人造板上，形成花纹美丽的贴面板。防火板表面的保护膜具有防火、防热性能，且防尘、耐磨、耐酸碱、耐冲撞性良好，花纹的种类繁多，是良好的家具饰面材及建筑装饰材料。

2. 集成材

集成材是指以小径料为原料，经过圆木切割用齿形榫（或称指榫）加胶将小径材拼宽接长，将短小的方材或薄板按统一的纤维方向，在长度、宽度或厚度方向上胶合而成的板材。集成材稳定性好、变形小，可利用短小、窄薄的木材制造大尺度的零部件，提高木材利用率，如指接板就是利用齿形榫可以将小块木材拼接成大尺度的板、枋等。集成材最初用于建筑上作为木构建筑的梁架使用，随着其拼接胶种的改良采用脲醛树脂胶使其表面洁净无缝（建筑时采用的酚醛树脂胶，会留下棕色胶线），因而成为家具界及装修界的宠儿，多用于地板、门板、家具等的制作。

二、石材

石材是建筑史上人类最早用来建筑房屋

的材料之一，也是原始人类最早居住的洞穴壁面材。石材由于具有外观丰富、坚固耐用、防水、耐腐等优点受到人们的喜爱和追捧。石材分为天然石材与人造石材。

（一）天然石材

天然石材为人类从天然岩体中开采出来的块状荒料，经锯切、磨光等加工程序制成块状或板状材料。天然石材品种繁多，不同的石材品种具有不同的色彩和纹理。目前建筑工程中常用的饰面石材有以下几种。

1. 大理石

大理石属于中硬材料，比花岗岩容易锯解、磨光、雕琢等加工。大理石组织细密、坚实，可磨光，颜色品种繁多，花纹美丽变幻，多用于建筑内部饰面。由于大理石主要化学成分为碳酸盐，易被酸腐蚀，而且耐水、耐风化与耐磨性都略差，所以若用于室外，容易风化和溶蚀，使其表面失去光泽、粗糙多孔，降低装饰效果，因此除少数质纯、杂质少的品种如汉白玉、艾叶青等外，一般不用于室外装修。

大理石常见的品种有大花白（图7-13）、大花绿、细花的各种米黄石、杉文石、黑白根、珊瑚红等。

2. 花岗石

花岗石材质致密，硬度大、强度高，吸水率小，耐酸性（不耐氢氟酸和氟硅酸）、耐磨性及耐久性好，耐火性差，属于硬石材，使用寿命为75～200年。花岗石由多种矿物质组成，色彩多样，抛光后其花纹为均匀的粒状斑纹及发光云母微粒，是室内外皆

宜的高档装修材料之一。

花岗石板材按形状分普型板材与异型板材两种，按表面加工程度可分为细面板材、镜面板材和粗面板材三种。

（1）细面板材。石材表面平整、光滑（图7-14）。

图7-13　地面、楼梯和部分墙面使用了大花白大理石

图7-14　天津君隆威斯汀酒店大堂地面使用不同颜色的花岗岩拼花铺装

（2）镜面板材。石材表面经过抛光处理，表面平整，具有镜面光泽。

（3）粗面板材。石材表面平整、粗糙、防滑效果好。包括具有规则加工条纹的机刨石板材（图7-15）、剁斧板、锤击板和火烧板等。

根据颜色的不同，花岗石可分为印度红、将军红、石岛红、芝麻白、芝麻灰、蒙古黑、黑金砂、啡钻、金钻麻、巴西蓝等多种多样的材质。

3. 其他天然石材

其他天然石材如石灰岩（俗称青石、青石板吸水率大）、砂岩（俗称青条石）、板岩、锈板、瓦板等也可用作装饰用石材（图7-16）。这些石材多属沉积岩或变质岩，其构造呈片状结构，易于分裂成薄板。在使用时一般不磨光、表面保持裂开后自然的纹理状态，质地紧密，硬度较大，色彩丰富。

4. 鹅卵石

鹅卵石多用于景观环境中铺设庭园小径，镶嵌拼贴装饰图案，以及用于室内外环境装饰和陈设点缀（图7-17）。

（二）人造石材

常用的人造石材有人造大理石、人造花岗石、水磨石三种。人造石材具有天然石材的质感，重量轻、强度高、耐腐蚀、耐污染、施工方便。人造石材花色、品种、形状等丰富多样，但色泽、纹理均不及天然石材自然、柔和。

1. 人造花岗石及大理石

人造花岗石及大理石是以天然石粉及石块为骨料，以不饱和聚酯树脂为胶黏剂，加

入颜料搅拌后注入钢模，再通过真空振捣，树脂固化后一次成型，经锯切、打磨、抛光，制成标准规格。其花色可模仿自然石质也可自行设计，发挥余地极大。而且抗污

图7-15　用机刨石拼出来的纹样

图7-16　三亚喜来登酒店餐厅

图7-17　鹅卵石铺装作为点缀

力、耐久性、材质均一性均优于天然石材。但部分品种耐刻划能力差，易翘曲变形，耐热性差，价格较高。这类石材多用于酒店、办公、居室等室内空间的台面、墙面的饰面材料及洁具的制作等。

2. 水磨石

水磨石也是一种人造石材，以水泥或其他胶黏剂和石渣为原料，经搅拌、配色、成型、养护、研磨而成。可以根据需要制成不同颜色和图案，价格低廉，美观耐用，可以现浇或预制。水磨石耐腐蚀性较差，且表面容易出现微小龟裂和泛霜。

三、玻璃

玻璃是一种坚硬、质脆的透明或半透明的固体材料。受热融化后可以被吹大、拉长、扭曲、挤压或浇注成各种不同的形状，冷玻璃也可以切割成片来进行黏合、拼接和着色（图7-18）。通过某些辅助性材料的加入，或经特殊工艺的处理，可制成具有特殊性能的新型玻璃。建筑玻璃按性能与用途，可分为平板玻璃、安全玻璃、绝热玻璃及玻璃制品。

（一）平板玻璃

平板玻璃即平板薄片状玻璃制品，是玻璃深加工的基础材料。通常为透明、无色、平整、光滑，也可以是毛面、碎纹、螺纹或波纹的，可以控制光线和视野，能够在采光的同时满足私密性要求。

1. 普通平板玻璃

普通平板玻璃也称单光玻璃、窗玻璃、净片玻璃，分为引拉法玻璃与浮法玻璃两种。这种玻璃未经研磨加工，透明度好，板面平整、光洁、无玻筋、无玻纹、光学性质优良，主要用于建筑门窗装配。

2. 磨砂玻璃

磨砂玻璃又称毛玻璃、暗玻璃，采用机械喷砂、手工研磨或氢氟酸溶液腐蚀的方法对普通平板玻璃进行处理，使玻璃表面（双面或单面）形成均匀粗糙的毛面，也可以按照要求形成某种图案。磨砂玻璃表面粗糙，能使光线产生漫射，具有透光不透视的特点，可使室内光线柔和，同时具有一定的私密性。常用于办公、医院、卫生间、浴室的门窗，安装时毛面朝向室内（图7-19）。

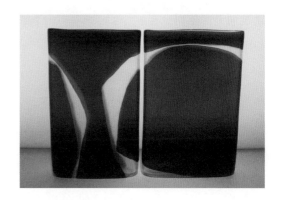

图7-18 玻璃制品

图7-19 喷沙玻璃隔墙

3. 花纹玻璃

花纹玻璃根据制作方法可以分为压花玻璃、滚花玻璃、刻花玻璃等几种，这些花纹是将玻璃在冷却、硬化之前按设计的图案对表面加以雕刻、印刻、压制等无彩处理形成的。压花是在玻璃硬化前，用刻有图案花纹的滚筒，在玻璃单面或双面压出深浅不同的花纹。喷花是将玻璃表面贴加花纹防护层后，喷砂处理而成。刻花则是经涂漆、雕刻、围蜡、腐蚀、研磨而成（图7-20）。

4. 彩色玻璃

彩色玻璃又分为透明彩色玻璃和不透明彩色玻璃，透明彩色玻璃是在原料中加入金属氧化物而成。彩色玻璃早在两千多年前就已经出现，中世纪以来彩色玻璃一直在教堂建筑中大量使用，在12~13世纪得到高度的发展；彩色玻璃还可以粘贴在混凝土的表面作为装饰。19世纪晚期的维多利亚和新艺术运动时期，彩色玻璃大量使用在建筑的窗子（图7-21）、灯罩等照明构件或装置中，以及用来制造花瓶、首饰等各种工艺饰品。

5. 镭射玻璃

镭射玻璃又称光栅玻璃，它经过特殊工艺处理在玻璃表面构成全息光栅或其他几何光栅，在光源的照射下，会出现物理衍射的绚丽色彩，而且随着照射及观察角度的不同，显现出不同的变化，呈现出典雅华贵、亦梦亦幻的视觉氛围，给人以神奇美妙的感觉。

6. 电热玻璃

电热玻璃由两块烧铸玻璃型料压制而成，两玻璃之间铺设极细的电热丝，电热丝用肉眼几乎看不见，吸光量为1%~5%。这种玻璃不会发生水分凝结、蒙上水汽和冰花等现象，能减少热量损失并降低采暖费用。

图7-20 花纹玻璃

图7-21 彩色玻璃

7. 冰花玻璃

冰花玻璃是一种利用平板玻璃经过特殊处理而形成的具有自然冰花纹理的玻璃，具有主体感强、花纹自然、质感柔和、透光不透明、视觉舒适的特点。冰花玻璃可用无色平板玻璃制造，也可以用茶色、蓝色、绿色等彩色平板玻璃制造，给人以典雅清新之感。

8. 其他玻璃

玻璃的其他品种还有喷砂玻璃（透光不透射）、磨花玻璃及喷花玻璃（部分透光透视、部分不透视）、印刷玻璃和刻花玻璃（骨胶水溶液剥落造成冰花或雕刻腐蚀成图案）、彩绘玻璃和背漆玻璃、彩釉玻璃等。

（二）安全玻璃

普通平板玻璃质脆易碎，破碎后形成的尖锐棱角容易伤人。为减小玻璃的脆性，提高玻璃的强度，通常采用某种方式将玻璃加以改性，如将玻璃淬火或在玻璃中加入钢丝、乙烯衬片，提高玻璃的力学强度和抗冲击性，降低破碎的危险，通过这种方式制成的玻璃统称安全玻璃。

1. 钢化玻璃

钢化玻璃具有较好的抗冲击力、弹性和抗弯性，耐急冷、急热性能、耐酸碱腐蚀性能好。玻璃破碎后裂成圆钝碎片，不致伤人。钢化玻璃不能切割、磨削，边角不能碰击拌压，只能根据需要定制加工。多用于建筑的门窗、隔墙、护栏（图7-22）、汽车挡风玻璃、暖房等。

2. 夹丝玻璃

夹丝玻璃又称防碎玻璃或钢丝玻璃，是将普通平板玻璃加热到红热软化状态，再将预热处理后的钢丝网或铁丝网压入玻璃中形成的。这样可以使玻璃强度增加，在破碎时，玻璃碎片附着在金属网上，从而使其破而不缺，裂而不散，并能在火势蔓延时，热炸裂后固定不散，延缓火势蔓延，具有一定的防火性能。常用于天窗、天棚顶盖（图7-23）、地下采光窗及防火门等处。夹丝玻璃颜色可以透明或彩色，表面也可以压花或磨光处理。

3. 夹层玻璃

夹层玻璃是在两片或多片平板玻璃中嵌夹透明塑料薄片，经过加热压粘而成的平面或曲面的复合玻璃。夹层玻璃具有较高的强度，破碎后不易产生安全事故，具有耐机械

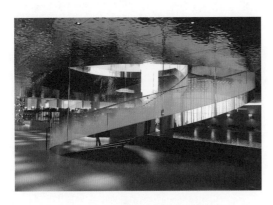

图7-22 卡塔尔多哈国际机场的钢化玻璃护栏

图7-23 夹丝玻璃发光顶

冲击、耐火、耐热、耐湿、耐寒等性能，透明性能也较高。这种玻璃可以控制穿过的太阳辐射，并具有一定的隔音效果。夹层玻璃抗冲击性能要比平板玻璃高几倍，破碎时不会产生崩离的碎片，只有辐射状的裂纹和少量的碎屑，碎片粘在衬片上不致伤人。

（三）绝热玻璃

1. 镀膜玻璃

镀膜玻璃又称热反射玻璃，具有良好的热反射性能，又能保持良好的透光性能。热反射玻璃的使用不仅可以节约室内空调能源，还能增加建筑物美观和装饰效果。热反射玻璃有单向反射的性能，迎光面具有镜子的特性，背光面又像普通平板玻璃一样透明，对建筑物的室内能起到遮蔽和帷幕的作用，白天室内可以看到室外，室外却看不清室内，还可以像镜面一样映衬周边的环境和景色，但大面积使用镀膜玻璃容易造成光污染。热反射玻璃多用来制造中空玻璃或夹层玻璃，用于建筑物的门窗、幕墙等（图7-24）。

2. 吸热玻璃

吸热玻璃能吸收大量红外线辐射而又保持良好的可见光的透过率。吸热玻璃色泽经久不变，具有一定的透明度，隔热，防眩光，可增加建筑物的美感。由于能够吸收太阳光谱中热作用较强的红外线、近红外线，产生冷房效应，可以避免室内温度升高，节约空调能耗；还可以吸收紫外线，减少紫外线对人体和室内物品的损坏。吸热玻璃适用于需要隔热又需要采光的部位，如商品陈列窗、冷库、计算机房等的门窗和幕墙。

3. 光致变色玻璃

在玻璃中加入卤化银，或在玻璃夹层中加入钼和钨的感光化合物便成为变色玻璃。在太阳或其他光线照射时，玻璃的颜色随光线增强渐渐变暗，当停止照射时又恢复到原来的颜色。主要用于汽车和建筑物上。

4. 中空玻璃

中空玻璃也称隔热玻璃，由两层或两层以上平板玻璃组成，四周密封，中间充入干燥的空气层或真空。具有良好的保温、隔热、隔声性能。原片可用普通平板玻璃、彩色玻璃、钢化玻璃、压花玻璃、热反射玻璃、吸热玻璃和夹丝玻璃等，通过焊接、胶接和熔结与边框（铝框架或玻璃条）连接。主要用于需要采暖、空调、防止噪声、结露及需要无直射阳光和特殊光的建筑物上。

（四）玻璃制品

1. 玻璃空心砖

玻璃砖分为实心和空心两种。实心砖是用熔融玻璃采用机械模压制成的矩形块状制品。空心砖是用两块玻璃经高温压铸成四周封闭的空心玻璃制品，具有较高的强度、绝热隔声、透明度高、耐水、耐火等优点。玻

图7-24　澳门金沙酒店

璃可以是光面、花纹及各种颜色。用空心砖来砌墙和铺设的楼面，具有热控、光控、隔声、减少灰尘及凝露等优点。在玻璃砖的内侧面还可以做成各种花纹，赋予其以特殊的采光性，既可以使外来的光扩散，也可以使外来光向一定方向折射，并可以控制视线透过和防止眩光。玻璃空心砖一般用来砌筑透光的内外墙壁、分隔墙，用在地下室、采光舞厅地面及装有灯光设备的音乐舞台，以及酒店、卫生间、办公场所等（图7-25）。

2. 玻璃马赛克

玻璃马赛克又称玻璃锦砖或玻璃纸皮石，是一种由乳浊状半透明玻璃质材料制成的小规格的彩色饰面玻璃。玻璃马赛克有透明、半透明、不透明之分，色彩丰富，有的还有带金色、银色斑点或条纹，表面可以有多种肌理效果。玻璃马赛克具有色彩柔和、朴实典雅、美观大方、化学稳定性好、冷热

稳定性好，不变色、不积尘、耐风化，易洗涤等优点。由于出厂时已经按设计要求贴在纸衣或纤维网格上，因而施工方便，对于弧形墙面、圆柱等处可以连续铺贴，可镶拼成各种色彩或图案（图7-26）。

四、陶瓷

陶瓷制品由于性能优良、坚固耐用、防水防腐且颜色多样、质感丰富，已经成为现代建筑的重要装饰材料。建筑陶瓷制品主要包括墙地砖、卫生陶瓷、琉璃制品等。

（一）常用陶瓷墙地砖

陶瓷墙地砖具有多种形状、尺寸和质地可供选择，其表面为配合不同的设计理念，可利用彩绘及不同的模具和釉面配方，设计出不同的色彩和凹凸的肌理、质感变化。形成平面、麻面、单色、多色以及浮雕等图

图7-25 美国康宁玻璃博物馆

图7-26　迪拜帆船酒店使用玻璃马赛克作为饰面材料

图7-27　纽约图书馆的缸砖地面

案，有些还可具金属光泽、仿石材、木材、织物等的色彩、质感等表面特征。

1. 缸砖

缸砖是一种焙质无釉砖，质地坚硬、耐磨、耐冲击、吸水率小。由于胚体含有渣滓或人为掺入着色剂，缸砖多呈红、绿、蓝、黄等色（图7-27）。

2. 釉面砖

釉面砖指表面烧有釉层的陶瓷砖，属于精陶类制品。由于施有釉层，可以封住陶瓷胚体的孔隙，使其表面平整、光滑，而且不吸湿，提高防污效果。釉面砖的颜色和图案丰富多样，主要用于建筑物的内、外墙和地面的铺贴。此外，有些种类的面砖还配有阴角、阳角、压条等，用于转弯、收边等位置的处理。由于釉面砖容易受到磨损而失去光

泽，甚至露出底胎，因此在铺设地面时，要慎重选择使用（图7-28）。

3. 通体砖

通体砖是一种本色不上釉的瓷质砖，硬度高，耐磨性极好。其中渗花通体砖图案、颜色、花纹丰富，并深入坯体内部，长期磨损也不会脱落，但制作时留下的气孔很容易

图7-28　卫生间墙面最常用的材料就是釉面砖

渗入污染物而影响砖的外观。通体砖表面经抛光处理后就成为抛光砖。多适用于人流量较大的商场、酒店等公共场所的地面及墙面铺贴（图7-29）。

4. 玻化砖

玻化砖就是优质瓷土通过高温烧结，使砖中的熔融成分呈玻璃质而制成的全瓷化不上釉的高级铺地砖。具有超强度、超耐磨性质，是所有瓷砖中最硬的一种。

5. 微晶石

微晶石又称微晶玻璃，比天然石材具有更高的强度，吸水率几乎为零，结构致密、高强度、耐磨、耐蚀、纹理清晰、色彩丰富、无色差、不褪色、无放射、无污染，还可以通过加热的方法弯曲成弧形板。在质地、花色、彻底防污、防酸碱等性能方面超过大理石、花岗岩和陶瓷玻化砖，被认为是可以替代石材而用于建筑墙面、地面、柱面铺贴的高档装饰材料（图7-30）。

（二）卫生陶瓷

1. 陶瓷洁具

陶瓷洁具是以陶土或瓷土制坯并烧制出来的洁具用品，是洁具中品质最好的一种，具有质坚、耐磨、耐酸碱、吸水率小、易清洗等优点（图7-31）。陶瓷洁具的形式、种类丰富，色彩也很多，以白色最为常用。

2. 陶瓷器皿

日用陶瓷是陶瓷中应用最广的产品，是人们日常生活中不可缺少的生活必备品。陶瓷器皿种类、花色齐全，质地或细腻或粗

图7-29　通体砖是最为常用铺装地面的材料之一

图7-30　微晶石地面

图7-31　黑色陶瓷手盆

糙，釉色变化丰富，不上釉的产品也能体现出自然、纯粹的率真。

（三）陶瓷艺术

陶瓷艺术多以单件艺术品形式出现。由于陶瓷的原料可塑性极强，可画、可塑，可细、可糙，因而成为艺术家进行创作的极好原料。陶艺作品可以既实用又作欣赏，也可作为大型艺术品登上大雅之堂，是艺术与生活结合的产物（图7-32）。

（四）陶瓷壁画、壁雕

陶瓷壁画、壁雕是用陶瓷锦砖烧制而成的，有它将原画放大，制板刻画、施釉烧成等技术与艺术加工而成，有的用胚胎素烧，釉烧后，在洁白的釉面砖上用色料绘制后再高温熔烧而成。壁雕是以浮雕陶板及平陶板组合镶嵌而成（图7-33、图7-34）。

五、金属

金属具有较高强度、优良的力学性能、坚固耐用。金属表面具有独特外观，通过不同加工方式，可形成具有光泽感夺目的亮面、哑光面或斑驳的锈蚀感。金属的加工性

图7-32　陶瓷艺术品

能良好，可塑性、延展性好，可像塑料一样制成任意形状。大多数暴露在潮湿空气中的金属，需做保护（如喷漆、烤漆、电镀、电化覆塑等），否则很快就会生锈、腐蚀。金属还可以通过铸锻、焊接、穿孔、弯曲、抛光、染色等多种工艺对其进行加工，赋予其多样的外观。

金属一般分为黑色金属（包括铁及其合金）和有色金属（即非铁金属及其合金）两大类。用于建筑装饰的金属材料主要有钢、铁、铜、铝及其合金，特别是钢铁和铝合金被广泛用于建筑工程，这些金属材料多被加工成板材或型材来加以使用。

（一）黑色金属材料

1. 钢材

钢材是由铁和碳精炼而成的合金，和铁相比，钢具有更高的物理和机械性能，具有坚硬、韧性、较强的抗拉力和延展性，大型建筑工程中钢材多用以制成结构框架。钢在冶炼过程中，加入铬、镍等元素，会提高钢材的耐腐蚀性，这种以铬为主要元素的合金钢就称为不锈钢。不锈钢板厚度在2mm以下使用得最多，其表面经不同处理可形成不同的光泽度和反射性，如镜面、雾面、拉丝、镀钛、腐蚀以及凸凹板、穿孔板和异形板等花纹板（图7-35）。

为提高普通钢板的防腐和装饰性能，又开发了彩色涂层钢板，彩色压型钢板等材料，表面通过化学制剂浸渍和涂覆以及辊压等方式赋予不同色彩和花纹，以提高其装饰效果。不锈钢制品多用于建筑屋面、门窗、幕墙、包柱及护栏扶手（图7-36）、厨具、

图7-33 陶瓷壁画

图7-34 陶瓷雕塑

图7-35 卡塔尔多哈国际机场

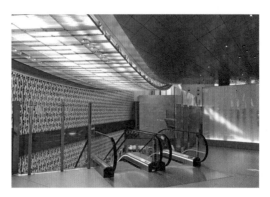

图7-36 卡塔尔多哈国际机场

洁具、各种五金件、电梯轿厢板的制作等。吊顶中大量使用的轻钢龙骨、微穿孔板、扣板也多由薄钢板制成。

2. 铁材

铁材有较高的韧性和硬度，主要通过铸锻工艺加工成各种装饰构件，对于铁在建筑装饰及结构上的运用（图7-37），在维多利亚时期及新艺术运动时期就进行过积极探索，常被用来制作各种铁艺护栏、装饰构件、门及家具等。

（二）有色金属材料

1. 铜

铜是一种高雅华贵的装饰材料，铜的使用会使空间光彩夺目，富丽堂皇，多用于室

图7-37 巴黎奥赛博物馆

内的护栏、灯具、五金的制造。纯铜较软，为改善其力学性能，常会加入其他金属材料，如掺加锌、锡等元素可制成铜合金，根据合金的成分，铜合金主要有黄铜、青铜、白铜等。

纯铜表面氧化后呈紫红色，故称紫铜；铜与锌的合金，呈金黄色或黄色，称黄铜，不易生锈腐蚀、硬度高，机械强度、耐磨性、延展性好，可用于加工成各种建筑五金、镶嵌和装饰制品以及水暖器材等；另外，加入锡和铝等金属制成的青铜，也具有较高机械性能和良好的加工性能。铜长时间露置于空气中会被氧化生成铜锈，可用覆膜法保护，也可任其生锈成为铜绿色效果，以达到某种特殊要求（图7-38）。

2. 铝合金

铝属于有色金属中的轻金属，银白色，密度小，具有良好的韧性、延展性、塑性及抗腐蚀性，对热的传导性和光的反射性良好。纯铝强度较低，为提高其机械性能，常在铝中加入铜、镁、锰、锌等一种或多种元素制成铝合金。对铝合金还可以进行阳极氧

化及表面着色以及轧花等处理，可提高其耐腐性能及装饰效果。

铝合金广泛用于建筑装饰和建筑结构。铝合金管材、型材多用于门窗框、护栏、扶手、顶棚龙骨、屋面板、各种拉手、嵌条等五金件的制作；铝合金装饰板多用于建筑内外墙体和吊顶材料，包括单层彩色铝板、铝塑复合板、铝合金扣板（图7-39）、铝蜂窝板、铝保温复合板、铝微孔板、铝压型板、铝合金格栅（图7-40）等。

六、建筑塑料

塑料是高分子聚合物，以合成树脂、天然树脂、橡胶、纤维素酯或醚、沥青等为主的有机合成材料。这种材料在一定的温度和压力下具有流动性，因而可以塑制成各种制品，且在常温常压下可保持其形状不变。塑料具有质轻，成型工艺简单，物理、机械性能良好，并有防腐、电绝缘等特性。塑料可以呈现不同的透明度，还容易赋予其丰富的色彩，在加热后还可以通过模塑、挤压或注塑等手段相对容易地形成各种复杂的形状、肌理表面。通过密度控制可使其变得坚硬或柔软。但塑料普遍耐热性差、易燃并多含有毒性（尤其是在燃烧时会放出致命的有毒气体）、韧度较低，长期暴露于空气中会出现老化现象。常见的塑料制品有塑胶地板

图7-38　意大利比萨教堂的铜门

图7-39　条形金属板吊顶

图7-40　日本东京国际机场

（图7-41）、贴面板、有机玻璃、人造皮革、阳光板、PVC吊顶及隔墙板等。

（一）塑胶地板

塑胶地板是聚氯乙烯树脂加增塑剂、填充料及着色剂经搅拌、压延、切割成块或不切而卷成卷。以橡胶为底层时为双层，面层或底层加泡沫塑料时则成三层。

（二）塑料贴面板

塑料贴面板系多层浸渍合成树酯的纸张层压而成的薄板，面层为聚氨脂树脂浸渍过的印花纸，经干燥后叠合，并在热压机上热压而成。面层印花纸可有多种多样的颜色和花纹，因而形式丰富，其化学性能稳定，耐热、耐磨，在室内装饰及家具上用途极广。

（三）人造皮革

人造皮革以纸板、毛毡或麻织物为底板，先经氯、乙烯浸泡，然后在面层涂以由氯化乙烯、增韧剂、颜料和填料组成的混合物，加热烘干后再以压碾压出仿皮革花纹，有各种颜色和质地。在使用处理时可采用平贴、打折线、车线等方式。

（四）PVC隔墙板

PVC隔墙板系以聚氯乙烯钙塑材料，

图7-41　中国联通总部大楼六层中庭运动场

经挤压加工成中空薄板。可作室内隔断、装修及搁板。具有质轻、防霉、防蛀、耐腐、不易燃烧、安装运输轻便等特点。

（五）有机玻璃

有机玻璃是一种具有良好透光率的热塑性塑料，它是以甲基丙烯酸甲酯为主要原料，加入引发剂、增塑剂等聚合而成。

有机玻璃的透光率较好，机械强度较高，耐热性、抗寒性及耐气候性较好；耐腐蚀性及绝缘性能良好；在一定的条件下，尺寸稳定，并容易成型加工。其缺点是质较脆，易溶于有机溶剂（苯、甲苯、丙酮、氯仿等）中；表面硬度不大，容易擦毛等。

有机玻璃分无色透明有机玻璃（以甲基丙烯酸甲酯为原料，在特定的硅玻璃膜或金属膜内浇铸聚合而成）、有色有机玻璃（在甲基丙烯酸甲酯单体中，配以各种颜料经浇铸聚合而成）、珠光玻璃等（在甲基丙烯酸甲酯单体中加入合成鱼鳞粉并配以各种颜料经浇铸聚合而成）。

（六）阳光板

阳光板又称PC板、玻璃卡普隆板，以聚碳酸酯为基材制成，有中空板、实心板、波形板。阳光板具有重量轻、透光性好、刚性大、隔热保温效果好、耐气候性强等优点，多用于采光天花的使用。

七、装饰卷材

（一）壁纸

壁纸又称墙纸，是室内装修中使用最广泛的界面（墙、天花装饰材料）。壁纸图案丰富、色泽美观，通过印花、压花、发泡等工艺可制成各种仿天然材料和各种图案花色的壁纸。壁纸具有美观、耐用、易清洗、施工方便等特点。一般按基材的不同可以分为纸基壁纸、纺织物壁纸、天然材料壁纸、金属壁纸、塑料壁纸五种类型（图7-42）。

1. 纸基壁纸

纸基壁纸是发展最早的壁纸，纸面可以印图案、压花。纸基壁纸易于保持壁纸的透气性，使墙体基层内的水分易散发，不致引起壁纸的变色、鼓包等现象，但不耐水、不能清洗、易断裂，不便于施工。改善处理后其性能有所提高，是现在使用的壁纸中普遍的环保产品。

2. 织物壁纸

织物壁纸以丝、羊毛、棉、麻等纤维织成面层，以纱布或纸为基材，经压合而成。

图7-42 欧洲宫殿建筑中使用的富丽堂皇的壁纸

织物壁纸浸以防火、防水膜，是室内装饰材料中的上等材料。织物壁纸因采用天然动植物纤维或人造纤维制作而具有良好的手感和丰富的质感，色调高雅，无毒、无静电、不褪色、耐磨、吸声效果好，给人以高尚、雅致、柔和的印象。

3. 天然材料壁纸

天然材料壁纸用草、麻、木材、树叶、草席等经过复合加工制成，也有用珍贵树种薄木制成。具有阻燃、吸音、散潮湿、不吸气、不变形的特点。其产品材质自然、古朴，风格淳朴自然，给人以亲切、高雅的感觉，是一种高档的装修材料。

4. 金属壁纸

金属壁纸是以纸为基材，在基层上涂有金属膜，经过压合、印花制成。金属壁纸有光亮的金属质感和反光性，给人以金碧辉煌、庄重大方的感觉，适合在气氛热烈的场合使用，如饭店、舞厅、酒吧等。

5. 塑料壁纸

塑料壁纸以木浆纸为基材、PVC树脂为涂层，经过压合、印花或发泡处理制成。塑料墙纸是发展最迅速、应用最广泛的墙纸（布），约占墙纸产量的80%。印花涂料的胶料，常采用醋酸乙烯、氯乙烯等聚合而成的氯醋胶；涂料则是用钛白粉、高岭土、苯二甲酸、二辛酯、氯醋胶和颜料所组成。塑料壁纸按生产工艺可以分为仿真塑料壁纸、非发泡墙纸（普通纸）、发泡壁纸和特种塑料壁纸。

（1）仿真塑料壁纸。仿真塑料壁纸是以塑料为原料，用不同技术工艺手段，模仿砖、石、竹编物、瓷板及木材等真材的纹样和质感，加工成各种花色品种的饰面墙纸，目的是尽量做成以假乱真的效果。

（2）非发泡墙纸（普通纸）是以80g/m²的纸为基材，涂塑100g/m²聚氯乙烯糊状树脂（PVC糊状树脂），经印花、压花而成。这种壁纸包括单色压花壁纸，印花、压花和有无平光印花等，花色品种多，适用面广。

单色压花壁纸是经凸版轮转热轧花机加工而成，可制成仿丝绸、织锦缎等效果。

印花、压花壁纸是经多套色凹版轮转印刷机印花后再轧花，可制成印有各种色彩图案，并压有布纹、隐条凹凸花等双重花纹的效果。

有光印花是在抛光的面上印花，表面光洁明亮；平光印花是在消光辊轧平的面上印花，表面平整柔和。

（3）发泡壁纸分低发泡和高发泡两种，有高发泡印花、低发泡印花、低发泡印花压花等品种。高发泡壁纸发泡倍率较大，表面呈富有弹性的凹凸花纹，有装饰、吸声功能。低发泡印花壁纸是在发泡平面印有图案的壁纸；低发泡印花压花壁纸是用有不同抑制发泡作用的油墨印花后再发泡，使表面形成具有不同色彩的凹凸花纹图案。

（4）特种塑料壁纸有耐水、防结露、防火、防霉等品种。以玻璃纤维毡为基材，为耐水塑料壁纸，适合用于卫生间、浴室等；而以100～200g/m²石棉作基材，在PVC涂料中掺入阻燃剂的为防火壁纸；在聚氯乙烯树脂中加防霉剂的壁纸，适合用在潮湿地区；防结露纸则是在树脂层上带有许多细小微孔的壁纸。

（二）地毯

地毯是以棉、毛、麻、丝等天然纤维及人造纤维材料为原料，经手工或机械编织而成的用于地面及墙面装饰的纺织品（图7-43）。根据地毯使用材料的不同，可以分为纯毛地毯、混纺地毯和化纤地毯。此外，还有用塑料制成的塑料地毯，用草、麻及其他植物纤维加工制成的草编地毯等。根据地毯表面织法不同又可以分为素花毯、几何纹样毯、乱花毯和古典图案毯；根据断面形状不同则可以分为高簇绒、低簇绒、粗毛低簇绒，一般圈绒、高低圈绒、粗毛簇绒、圈簇绒结合式地毯。

1. 纯毛地毯

纯毛地毯（即羊毛地毯）绒毛的质与量决定地毯的耐磨程度，耐磨性常以绒毛密度表示，即每平方厘米地毯上有多少绒毛。纯毛毯分为手织与机织，手织较为昂贵。

2. 混纺地毯

混纺地毯品种极多，常以毛纤维和其他各种合成纤维混织，如羊毛纤维中加20%～30%的尼龙纤维，其耐磨性可提高5

图7-43　上海金茂君悦酒店咖啡厅

倍，也可加入聚丙烯腈纶纤维等合成纤维混纺织成。

3. 化纤地毯

化纤地毯是以丙纶、腈纶（聚丙烯腈纶）纤维为原料，经机织制成面层，再与麻布底层融合在一起制成。品质与触感极类似羊毛，耐磨而富有弹性，经特殊处理后可具防火阻燃、防污、防静电、防虫等特点。完善的防污处理，令用户可大胆使用纯白色地毯。

八、装饰涂料

装饰涂料分为油漆涂料（图7-44）和建筑涂料（图7-45）两种，是不同组成成分构成的有机高分子胶体混合物，呈溶液或粉末状，涂布于物体表面后能形成附着坚牢的薄膜。

（一）油漆涂料

1. 天然漆

天然漆又称为国漆、大漆，有生漆、熟漆之分。天然漆漆膜坚韧、耐久性好、耐酸耐热、光泽度好。

2. 油料类油漆涂料

（1）清油。清油俗名熟油、鱼油，由精制的干性油加入催干剂制成。常用作防水或防潮涂层，以及用来调制原漆与调和漆。

（2）油性厚漆。油性厚漆俗称铅油，由清油与颜料配制而成，属最低级油漆涂料。使用时需要用清油调和成适当的稠度。这种油漆的涂膜较软，和面漆的黏结性好，所以一般用作面漆涂层的打底。也可以单独作为面漆使用，光亮度、坚硬性差，干燥慢，耐久性差。

（3）油性调和漆。可直接使用，由清油、颜料和溶剂等配制而成。漆膜附着力好，有一定的耐久性，施工方便。

3. 树脂类油漆涂料

（1）清漆（树脂漆）。由树脂加入汽油、酒精等挥发性溶剂制成。主要用来调制磁漆与磁性调和漆。清漆分为醇质清漆（俗名泡立水）与油质清漆（俗名凡立水）两种。树脂清漆不含干性油，如虫胶清漆。油质清漆中含有干性油，如酯胶清漆、酚醛清漆、纯酸轻骑、硝基清漆、丙烯酸木器清漆等（图7-46）。

图7-44　木材表面一般使用油漆饰面

图7-45　涂料是天花最为常用的材料

（2）磁漆。由清漆中加入颜料制得。按树脂种类不同可分为酚醛树脂漆（较低价，具有良好的耐水、耐热、耐化学及绝缘性能）、醇酸树脂漆（耐水性差）与硝基漆。

（3）光漆。俗名腊克，又名硝基木质清漆，由硝化棉、天然树脂、溶剂等组成。

（4）喷漆（硝基漆）。由硝化棉、合成树脂、颜料（或染料）、溶剂、柔韧剂等组成。漆膜坚硬、光亮、耐磨、耐久。

（5）调和漆。调和漆分油脂类和天然树脂类两类。油脂类调和漆（俗称油性调和漆）是用干性油与颜料研磨后，加入催干剂溶剂配制而成。这类调和漆附着力强，漆膜不易脱落，不起龟裂，经久耐用，但干燥比较慢，漆膜较软，适宜于室外装饰。天然树脂调和漆又称磁性调和漆，是用甘油松香油，干性油和颜料研磨后，加入催干剂及溶剂配制而成。这类油漆干燥性比油性调和漆好，漆膜较硬，光亮平滑，但抗气候变化的能力较油性调和漆差，易失去光泽、龟裂，故一般用于室内装饰。

（二）建筑涂料

1. 有机涂料

（1）溶剂型涂料。由高分子合成树脂加入有机溶剂、颜料、填料等制成的涂料。涂料细而坚韧，有较好的耐水性、耐候性及气密性，但易燃，溶剂挥发后对人体有害，施工时要求基层干燥。常用的有过氯乙烯内墙（地面）涂料、氯化橡胶外墙涂料、聚氨酯系外墙涂料、丙烯酸酯外墙涂料、苯乙烯焦油外墙涂料和聚乙烯醇缩丁醛外墙涂料等。

（2）水溶性涂料。水溶性涂料以溶于水的合成树脂、水、少量颜料及填料等配制而成。耐水性、耐候性较差。常用的有聚乙烯醇水玻璃内墙涂料等。

（3）乳胶涂料。乳胶涂料又称乳胶漆，由极微细的合成树脂粒子分散在有乳化剂的水中构成乳液，加入颜料、填料等制成。这类涂料无毒、不燃、价低，有一定的透气性，涂膜耐水、耐擦洗性好，可用于内外墙的粉刷装饰。常用的有聚醋酸乙烯乳胶内墙涂料、苯丙乳液外墙涂料及丙烯酸乳液外墙涂料（又名丙烯酸外墙乳胶漆）等。因为它易溶于水，成膜快，成膜厚度好，无刺激性气味、无公害，是环保型涂料，因此被广泛用于当代建筑的内外涂饰上（图7-47）。

图7-46　SOM设计的奥克兰天主教堂

图7-47　乳胶漆饰面

2. 无机涂料

无机涂料主要有碱金属硅酸盐系和胶态二氧化硅系两种，用于内外墙装饰。无机涂料黏结力、遮盖力强，耐久性好，装饰效果好，不燃、无毒，成本较低。

3. 复合涂料

复合涂料可使有机涂料、无机涂料两者相互取长补短，如以硅溶胶、丙烯酸系复合的外墙涂料在涂膜的柔韧性及耐候性方面更好。

第三节

材料的搭配与组合

装饰材料是室内设计中的必备部分，它不仅是内容非常丰富的资源，也是使精神转化为物质的最终媒介。因此，正确地选择和使用材料是使设计理念得到充分表达的关键因素之一。材料的种类繁多，品质各异，同一个设计方案使用不同的材料和做法，会得出完全不同的效果。许多杰出的设计师和他们的作品，都因善于发现并发挥材料的特性，而使作品表现出独特的个性。

合理地选择和使用材料，对于获得完美的装饰效果是十分重要的。如果我们不善于理解和把握材料的特性，不善于"用正确的方法处理正确的材料"，一味地炫耀材料的奢华或是偏执地过分强调自己的某一种嗜好，都可能导致既耗费了资金和精力，又得不到良好效果的结局。

装饰材料配置的核心问题，是合理地选择与主题设计相一致的材料和施工方案。在施工前预先对材料的品质、特点、加工方法进行认真的研究，对材料的色彩、质感，使用部位、数量、整体与局部的关系等方面做出预先安排，有时甚至要进行研究、实验。装饰材料的配置可以根据材料的特性和视觉感受以及施工方案，从理性和感性两种角度进行选择。

一、材料的组合

当我们欣赏那些优秀的建筑和环境时，我们首先看到的是美的形式和色调，随之才体会到它从整体到局部，从局部到局部，又从局部回到整体的统一关系，它们每个部分都彼此呼应，并具备了组成形式美的一切条件。再进入建筑的内部，去体验用物质材料构成的界面和围划成的空间，我们会发现它的美也首先表现在形式和色彩上，随之表现出材质和功能的内在之美。这个材质即材料应用上的美的原则，是被限定在减法原则上的，即用尽量少的种类，去创造尽量多的美的形式和实用的空间，创作出彼此呼应、统一的协调关系。

物质材料体现着建筑上所有美的要求和规律，它是一切美的载体和媒介，整体与局部，局部与局部，局部与整体的所有关系都落实在材质的表现上。从历史的角度看，材质的利用和表现是有节制的、珍惜的、减法的。如一座文艺复兴的宅邸并没有比我们今天的某些建筑用的高档原料多，但丝毫不感到简陋；一座巴洛克式的宫殿虽有雕饰，但却是统一完整和彼此呼应的，而且未必比得上今天某些五星级酒店豪华大堂用的雕砌多。值得指出的是，我们不少人错误地认为美就是堆砌豪华的高档材料，因而总有人嫌档次不够高，装饰不够豪华，殊不知美与材料的多少和档次并无多少关系。以帕提农神庙为例，其建筑从里到外都是一种材料，或粗犷如廊柱，或细腻如雕刻檐板，如同一首咏叹调，时而豪放高亢，时而婉转细腻。而质朴的材质在希腊明媚的阳光下闪烁着纯净完美的光辉，成排的廊柱在阳光照射下投下富于律动性的光影，使这个内外相通连的建筑有无限的延展性和亲切感，空间与材质的美表露无遗。再如，中世纪的教堂巴黎圣母院终其大部分空间，也不过是一种石材的立面贯穿到底，配以橡木护壁板和薄如羽翼的彩绘玫瑰窗，石头与木材的立面形成一种富于庇护感的空间，而薄如蝉翼的玫瑰窗则使空间延伸到无限遥空的虚空。黑白相间的铺地与其中成排的弥撒椅是向人们伸开的手臂，崇高的气氛是空间的主体，这个主体是精神上的统领，是建筑所刻意营造的气氛。

20世纪的建筑，以赖特的流水别墅为

例，他所采用的材质除混凝土之外，不过是毛石与木材，加上室内陈设中一点点皮革、一点点织物和几件家具而已，却把主人自然、质朴与田园诗般的生活理想表露无遗，建筑与周围的环境，室内与室外环境既统一协调又相互呼应。20世纪90年代的现代建筑，以瑞士建筑师马里奥·博塔于1995年完成的法国艾沃希圆柱形教堂为例，其高34m，直径达38.4m，内外通体采用红砖为主要材料，外部空间的简洁与内部空间的纯粹形成了无比神圣和崇高的境界。红砖墙体采用横竖向的四丁挂与交错立体式的二丁挂有机结合的方式，使内墙肌理简洁有致又富于立体变化（图7-48），黑色抛光的石材地面，宁静而沉稳；欧洲橡木的坐席简洁利落，与红砖墙面如出一辙，钢结构采光顶棚把空间拉向无限深远的天空；祭坛外，水银般质感的半圆玻璃造型窗（图7-49），取代了传统的玫瑰窗，形成室内的视觉中心。材料种类少而又少却使用得精致无比，所有的造型都简洁统一，仿佛整个空间只存在两种材料——红砖与半圆窗上的玻璃，而且内外材质浑然一体，无怪乎人们将该建筑列为20

图7-48　马里奥·博塔设计的法国艾沃里教堂室内

世纪欧洲的经典建筑之一。从材料上看，毛石可谓价廉，红砖更为便宜，但它们却不妨碍我们建造经典和杰作（图7-50、图7-51）。

二、材料的搭配原则

（一）材质的协调

由质感与肌理相似或相近的材料组合在一起形成的环境，容易形成统一完整与安静的形象。大面积使用某种材质时，需以丰富的形式来调整，以弥补单调性，小空间可由陈设品调整。这种协调方法常用于公共休息厅、报告厅、住宅的卧室等处（图7-52）。

（二）材质的对比

由质感与肌理相差极大的材料组合运用创造的环境，容易形成活跃、清醒、利落、开朗的环境性格，大小空间皆宜，但要

图7-50　梵蒂冈博物馆

图7-51　北京红砖美术馆

图7-49　马里奥·博塔设计的法国艾沃里教堂外观

图7-52　材料的协调

划分好对比的面积的大小关系、对比强度，利用材料进行对比是现代设计的常用手法（图7-53）。

（三）材质的对比与协调共用

实际设计实践中，材料用法的对比与协调都是相对而言的。协调通常是一种弱的对比，即相似的东西含有比较关系，而对比也不是绝对的冲突，它有可能是弱比中、中比强、强比弱、中比中、弱比弱的关系。因而材质的运用是通过设计者及观察者长期的经验和体会来实施和领悟的。

图7-53 材料的对比

思考与练习

1. 常用的室内装饰材料有哪些？在选择和使用室内装饰材料时应该注意哪些问题？

2. 怎样正确地运用不同的材料来增强室内设计的表现力？

3. 怎样在同一设计方案中利用不同的材料搭配来获取不同的视觉效果？

第八章

室内设计的风格
与流派

　　进入20世纪90年代，旧的世界格局仿佛在一瞬间崩溃，而新的世界格局仍在迷离模糊之中，与此同时，全球的文化格局也发生了巨大的转变。人们对这一巨大变化的震惊与困惑似乎还未过去，就已经进入了21世纪。

　　进入21世纪后，室内设计已经成为一个开放的、各种风格并存的、各种学科交汇融合的学科。在经过了发展、反思和探索之后，随着新技术的不断推出和大量新材料、新技术、新方法在室内设计中的运用，伴随着新世纪的到来，室内设计也呈现出一种更为纷繁复杂的态势。

第一节

现代主义运动时期的室内设计

进入20世纪以来，欧美一些发达国家的工业技术发展迅速，新的技术、材料、设备、工具被不断发明和完善，极大地促进了生产力的发展，同时对社会结构和社会生活也带来了很大的冲击，在建筑及室内设计领域也发生了巨大的变化。重视功能和理性的现代主义设计风格成为室内设计的主流。

20世纪初，在欧洲和美国相继出现了艺术领域的变革，这些变革的影响极其深远，彻底地改变了视觉艺术的内容和形式，出现了诸如立体主义、构成主义、未来主义、超现实主义等一些反传统、富有个性的艺术风格，所有这些都对建筑及室内设计的变革产生了直接的激发作用。

现代主义建筑风格主张设计为大众服务，这一主张改变了数千年来设计只为少数人服务的状况，它的核心内容不是简单的几何形式，而是采用简洁的形式达到低造价、低成本的目的，从而使设计服务于更广泛的普通人群。现代主义设计先驱阿道夫·路斯在《装饰与罪恶》一书中系统地剖析了装饰的起源和它在现代社会中的位置，并提出了自己反装饰的原则和立场。认为简单的内容和形式以及重视功能的设计作品才能符合现代文明，应大胆地抛弃烦琐的装饰。

一、瓦尔特·格罗皮乌斯和包豪斯

1907年，由一批有远见的生产商、官员、建筑师、艺术家和作家组成了一个小组，即德意志工业制造联盟，该联盟的目的在于鼓励采用良好的设计和工艺创造"一个有机整体"。包豪斯的创立是萨克森·魏玛大公重新建立魏玛艺术学校的结果，并且直到瓦尔特·格罗皮乌斯1928年退休，在这期间，包豪斯一直保持着在所有领域都有前瞻性的设计状态。在最初阶段，格罗皮乌斯表明了"基于和表达一个完整社会和文化之上的一种普通设计风格的欲望"。从某些方面来说，将室内看作建筑外观设计的延伸的观点普及开来的还是包豪斯。

在工业联盟中不断出现关于室内应该与强调机器生产联系在一起的思考，尽管包豪斯的纲领是强调在石造物、地毯、金属制品、纺织品、结构技术、空间理论、色彩和设计等方面的一种平衡教育。当包豪斯1925年从魏玛搬到德索（Dessau）时，新一代的教师被培养出来了，从此许多我们现在熟悉的产品开始流通，包括家具、纺织品和金属制品，所有这些改变了室内设计的面貌。

格罗皮乌斯出生在建筑师的家庭，在柏林和慕尼黑学习之后，于1907年进入彼得·贝伦斯的设计室工作（密斯·凡·德·罗和勒·柯布西埃也在此工作过一段时间）。1914年前，格罗皮乌斯的室内设计是保守的，看不出一点他后来的风格。在《新建筑和包豪斯》（1935）一书中，格罗皮乌斯写道："建筑表达不能拒绝现代结构技术，这种表达要求采用空前的形式，我被这种信念迷惑住了。"虽然格罗皮乌斯在其工业建筑中充分表现了这些形式，钢铁和玻璃结构"灵化"了建筑（图8-1），但他在住宅设计中似乎没有能够采用这种形式。1914年的科隆展览会中，展出了德意志制造联盟展览会办公楼和外部装上玻璃的旋转楼梯，格罗皮乌斯充分地使用了钢铁和玻璃的建筑语言。1923年之后包豪斯校舍完成，该建筑展示了早期包豪斯风格，采用单调的墙面，突出的管状灯灯光设置，管状灯通过细铅管用金属丝卷起，墙壁悬挂物由高沙·夏隆·斯托兹设计，采用黄、灰、棕、紫、白色的

棉、羊毛和人造纤维纺织品。在德索他的新建筑的办公室中出现了极为不同的风格，很少强调单个工艺片段，表面和细节流线化，增加固定家具，使房间有种年代不详的效果，这些都成为其他同时代的建筑师喜爱仿效的对象。

在实现建筑的机械化、合理化和标准化方面，格罗皮乌斯要求建筑师要面对现实，指出在生产中要以较低的造价和劳动来满足社会需要就要有机械化、合理化和标准化。机械化是指生产方面，合理化是指设计方面，两者的结果都是提高质量、降低造价，从而全面提高居民的社会生活水平。格罗皮乌斯在1927年德意志工业制造联盟在斯图加特建筑展中试建了一幢预制装配的住宅。之后，即使到了美国之后，他也从未中断过他对预制、装配和标准构件的研究。为了推广标准化，格罗皮乌斯认为标准化并不约束建筑师在设计中的自由，而应该是建筑构造上的最多标准化和形式上的最大变化的完美结合，这个论点从发展大规模建筑方面来看是有可取之处的。

二、风格派及其他

荷兰的"风格派"和包豪斯一样，其设计师专注于创造有前瞻性的设计，拒绝与过去风格的任何联系。"风格派"小组的主要成员是格雷特·里特维尔德，他是一位结构主义者，他的设计是基于抽象的矩形形状上，用基本的红色、黄色和蓝色。"风格派"这一名称取自冠以该名称的杂志，他们信仰

图8-1　德国法古斯工厂

这些形式和色彩的哲学和灵魂精神特性。著名的"红蓝椅"（图8-2）是里特维尔德于1917年设计制作，有着严谨简洁的板块形状的座部和靠背，与20世纪50年代采用的平坦表面和强烈色彩有着相类似之处。从1924年起，里特维尔德在乌德勒支开始了他的建筑设计，即著名的施罗德住宅，该建筑的室内与室外实际上是可转换的；墙壁和天花表面没有任何模塑装饰品，板块似的整洁，而金属框架窗户以连续的水平线条直通向天花。整体效果是线条整齐利落，但无严厉之感，赖特的室内与室外的完全可转换性理想在这里用最少的方法得到了实现（图8-3）。在施罗德住宅的设计中，里特维尔德不仅预示了包豪斯的思想，而且预告了后来在美国被称为国际主义的风格。

表现主义代表人物埃里克·门德尔松以他的弯曲立面的特点而著名。他设计的爱因斯坦天文台被誉为表现主义建筑的典型，整个建筑没有明确的转折和棱角，流线型的造型酷似一件雕塑作品（图8-4）。彼得·贝伦斯在陶努斯山中他自己的住宅建筑设计将舒适的简洁发挥到了极致。

在英国，门德尔松、格罗皮乌斯和马歇尔·布鲁耶尔等几位德国人的到来推动了现代建筑的发展。"空间流动"的室内设计时

图8-3 施罗德住宅

图8-2 红蓝椅

图8-4 爱因斯坦天文台

毫起来，不是用玻璃划分空间，而是由低矮的书架或橱柜分隔不同的功能区域，这些固定家具根据房间的尺寸和形状而特意设计，包豪斯设计师用可以灵活组装的家具来分隔空间，这种家具在后来的现代室内设计中起到了重要的作用。在国际主义风格中，比例比装饰起到了更重要的作用，在这样的空间里可以置入任何类型的家具、装饰品，或其他没有改变室内空间的本质的物品。

三、密斯·凡·德·罗

密斯·凡·德·罗把他的创作生命完全倾注在钢和玻璃的建筑中，他的代表作，如范斯沃斯住宅、湖滨公寓、西格莱姆大厦、伊利诺工学院的校园规划与校舍设计以及西柏林的新国家美术馆等，都曾在建筑界中引起很大的反响。它们是当时那股以钢和玻璃来建造的热潮的催化剂，并是"技术的完美"和"形式的纯净"的典范。在理论上，密斯重新强调使"建筑成为我们时代的真正标志"和"少就是多"的基本理念，并进一步直截了当地指出"以结构的不变来应功能的万变"以及"技术实现了它的真正使命，它就升华为建筑艺术"的观点。这些明确地将建筑技术置于功能与艺术之上的观点反复出现在密斯的作品中，也是20世纪50年代和60年代中不少人的建筑教育与建筑实践方针。

密斯常引用的"简洁不是简单"和"少就是多"的名言为他的建筑的辉煌和美丽提供注脚，在结构和设计上，他的建筑也许比20世纪其他任何建筑师的建筑更加与其室内融合为一体。密斯加入了包豪斯的行列之后，根除了他设计中的所有古典细节痕迹，确定了他对功能材料和沉静色彩的热爱。

1929年，密斯在西班牙巴塞罗那国际展览会的德国馆创造了一个奢华的国际风格室内的原形（图8-5）。在这里，结构和空间元素被分离开来，在室外和室内空间之间达成了一种完美的流动和过渡。巴塞罗那德国馆没有实际的功能目的，建筑由墙和排列在一个低矮的大理石墩座和墙上的柱子组成，它在分离的垂直和水平面之间构建了流动空间。在这些墙之间，建筑恰似舞台上的慢舞者。这是一个简洁设计的奇迹，室内完全依靠它们的超常比例和材料的精美——石灰墙、灰玻璃、绿色大理石、支承屋顶的镀铬钢柱，以及两个反射水池和玻璃幕墙来体现。唯一的"装饰性"艺术品是一件乔治·柯伯创作的女人体雕塑作品。馆内还有密斯设计的椅子，即著名的"巴塞罗那椅"，密斯在其后设计的室内环境中一直都用这种椅子。巴塞罗那馆的革命性在于用最少的材

图8-5　1929年巴塞罗那博览会德国馆

料和组合部件创造了一种舒适的气氛，所有材料都在功能设计的范围之内。密斯的内部空间敞开流动设计也体现在捷克布尔诺的图根哈特住宅，十字形的镀铬柱子、石灰墙和一个弯曲的黑色和淡棕色旺加锡乌木隔断，特意为该住宅设计的家具和丝绸布帘完善了整体设计。

1937年，密斯移居到美国，在这里他创造了20世纪的一些最重要的公共和私人建筑。例如，伊利诺伊州福克斯河边的范斯沃斯住宅，该建筑尽可能地彻底打破了室内与其周围环境的界限（图8-6）。尽管这不是一间能常规居住的房子，但它在全世界还是有数不尽的仿制品，然而却没有一个能与它迷人的自信相匹敌。

奥地利建筑师理查德·诺伊特拉在密斯到美国之前就实践了国际风格，他在1927~1929年设计的"健康和爱之屋"完全打破了赖特的传统。其他将这种风格延续到战后时期，并影响了一批具有国际威望的建筑师，包括菲利普·约翰逊、查尔斯·伊姆斯（图8-7）和埃罗·沙利宁等。

四、勒·柯布西埃

勒·柯布西埃的室内设计处理，在某些程度上是在普遍的国际风格潮流之外。在他早期的旅游期间，在维也纳遇到了约瑟夫·霍夫曼，在巴黎，与最初有混凝土建筑意识的建筑师之一奥古斯丁·贝瑞在一起学习。1910~1911年，他在德国主要与彼得·贝伦斯在一起，在定居巴黎之后，他参加了德意志工业制造同盟的展览，勒·柯布西埃在这个展览中把住宅比喻成"居住的机器"，并在1914年的多米诺骨牌式房子的设计中展示了他清楚透明的设计原则。他和密斯正好截然相反，柯布西埃的开放和强有力的个性贯穿其室内设计的始终。

勒·柯布西埃是作家、画家、建筑师和城市规划师（图8-8），在他的一些建筑物尚未建造以前，他对于促进建筑艺术和城市规划新思潮的出现已起到了重要的影响。每隔几年，他就以精确的格言和毫不妥协的态度推出一些设计和工程。在现代建筑设计中，他的影响最为深远，因此如果不理解

图8-6　范斯沃斯住宅

图8-7　伊姆斯住宅

勒·柯布西埃的作品，就必然难以理解现代建筑（图8-9）。

勒·柯布西埃于1923年出版的《走向新建筑》至今仍被认为"现代建筑"的经典著作之一。在书中，勒·柯布西埃系统地提出了革新建筑的见解与方案，内容包括工程师的美学与建筑、建筑师的三项注意、法线、视若无睹、建筑、大量生产的住宅、建筑还是革命等。

勒·柯布西埃所要革新的主要是居住建筑，同时他对城市规划也很重视。他认为，社会上普遍存在着的恶劣的居住条件，不仅有损健康而且摧残人们的心灵，并提出革新建筑首先要向先进的科学技术和现代工业产品——轮船、飞机与汽车看齐。他认为，"机器的意义不在于它所创造出来的形式，而在于它那主导的、使要求得到表达和被成功地体现出来的逻辑，我们从飞机上看到的不是一只鸟或一只蜻蜓，而是会飞的机器"。于是，勒·柯布西耶提出了"住宅是居住的机器"的论点。对于这一观点，勒·柯布西埃解释：住宅不仅应像机器适应生产那样地适应居住要求，还要像生产飞机与汽车等机器那样能够大量生产，由于它的形象真实地表现了它的生产效能，因此是美的，住宅也应该如此。能满足居住要求的、卫生要求的居住环境有促进身体健康、"洁净精神"的作用，这也就为建筑的美奠定了基础。因而这句话既包含了住宅的功能要求，也包含了住宅的生产与美学要求。

五、弗兰克·劳埃德·赖特

随着弗兰克·劳埃德·赖特作品的出现，美国突然走在了世界建筑设计的前沿，赖特曾是路易斯·沙利文的学生，沙利文寻求的建筑是"良好的造型、动人、无装饰"的效果，赖特也深受亨利·霍布森·理查德森的建筑影响，理查德森的开敞式平面布局对他的建筑有着重要的影响。赖特让他的建筑"从不超越外围环境以与环境的状态条件相和谐"中发展。他在芝加哥附近的"草原住宅"与周围环境相统一，同英国的任何建筑都非常不同：特殊的美国特性表明它们是

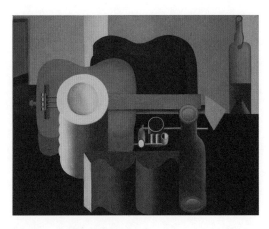

图8-8　柯布西埃的绘画作品

图8-9　萨沃伊别墅

一种真正的建筑的独立开始。与美国一般的维多利亚风格的室内相比，赖特的室内设计具有令人吃惊的"裸露"特点，大胆地暴露内部砌砖结构，并将这种砌砖与仔细挑选出的木材结合，这种风格立即获得人们的欢迎。在19世纪90年代，他设计的各种大大小小的住宅，如在伊利诺州的维斯罗房屋中，采用了条形窗户，其造型主宰了室内空间的形式，打破了远处的自然形象。赖特的室内与它们周围环境的关系是独特的，在他的许多房屋设计中最突出的特点之一是强调壁炉（对他既有象征意义又有功能作用）。出生在维多利亚时代的任何一位建筑师都无法想象赖特的做法，他将壁炉放置在最低点（地基），允许升进室内，这更进一步说明他比较喜欢打破室外和室内之间的分界（图8-10）。赖特回顾设计实践，结合当时一般中小资产阶级有看破红尘、渴望世外桃源的心理，总结出以"草原式"住宅为基础的"有机建筑"。

什么是"有机建筑"？"有机"这个词在当时十分流行。格罗皮乌斯在19世纪20年代时曾把自己的建筑说成是有机的；德国

的一些建筑师如夏隆等，虽然他们的作品格调和格罗皮乌斯不完全相同，但也把自己的建筑称为有机。赖特对自己的"有机建筑"的解释是："有机"二字不是指自然的有机物，而是指事物所固有的本质；"有机建筑"是按事物内部的自然本质从内到外地创造出来的建筑；"有机建筑"是从内而外的，因而是完整的；在"有机建筑"中，其局部对整体即如整体对局部一样，如材料的本性、设计意图的本质，以及整个实施过程的内在联系，都必不可少似的一目了然。赖特还用"有机建筑"这个词来指现代的一种新的具有生活本质和个性本质的建筑。在"个性"的问题上，赖特为了要以此同当时欧洲的现代派，即格罗皮乌斯、勒·柯布西埃等所强调的时代共性对抗，有意把它说成是美国所特有的。他说美国地大物博，思想上没有框框，人们的性格比较善变、浮夸和讲究民主，因此，正如社会上存在着各种各样不同的人一样，建筑也应该多种多样。由于上述名词大多是抽象的，赖特所遇到的业主又似乎都是一些肯出高价来购买创意不凡的建筑的一些人，因而赖特的"有机建筑"便随着他的丰富想象力和灵活手法而变化。

1936年，赖特为富豪考夫曼设计了取名为"瀑布"（Falling water）的周末别墅（又名流水别墅）。这所住宅体态自然地坐落在一个小瀑布上，房屋结合岩石、瀑布、小溪和树丛而布局，从筑在下面岩基中的钢筋混凝土支撑上悬臂挑出。屋高三层，第一层直接临水，包括起居室、餐室、厨房等，起居室的阳台上有梯子下达水面，阳台是横向

图8-10　汉娜别墅

的；第二层是卧室，出挑的阳台部分纵向、部分横向地跨越于下面的阳台之上；第三层也是卧室，每个卧室都有阳台（图8-11）。

流水别墅的起居室平面是不整齐的，它从主体空间向旁边与后面伸出几个分支，使室内可以不用屏障而形成几个既分又合的空间。室内部分墙面是用同外墙一样的粗石片砌成的；壁炉前面的地面是一大片磨光的天

图8-11　流水别墅

然岩石（图8-12）。因此，流水别墅不仅在外形上能同周围的自然环境融合在一起，其室内也到处存在着与自然的密切关系。别墅的形体高低前后错综复杂，毛石的垂直向墙面与光洁的水平向混凝土矮墙形成强烈的对比；各层的水平向悬臂阳台前后纵横交错，在构图上因垂直向上的毛石烟囱而得到了贯通。别墅的造型以结合自然为目的，一方面把室外的天然景色、水声、绿荫引进室内，另一方面把建筑空间穿插到自然中去，的确做到了"建筑装饰它周围的自然环境，而不是破坏它"。

有时，赖特的尖锐性接近野兽主义，但以低的角度环视室内，其空间的形状和相互之间的联系有时故意地模糊化，因而室内空间的整体效果还是轻松的。赖特的业主能接受他的超前观念。他对业主的关注反映在加利福尼亚斯坦福的汉娜别墅的

卷宗中，在这里，一整套相应完整的档案使人们可以看到使建筑师和业主都满意的房子的每一阶段的进展状况。除了某些细节外，赖特的室内设计在20世纪的第一个十年中就已经出现了非常现代的特征，确实，他那特殊的质地结合使它们的魅力保持到现在而没有被密斯的奢华室内风格所取代。正是赖特普及了与房子同高度的或者与房屋墙壁同长度的狭窄壁架（如在伊利诺州河边的康利屋）的壁炉墙。虽然高度异质化，但他充分发展的室内很少采取装饰的特殊手法，像康利屋中的木嵌板天花边缘周围的椭圆形古怪图案描绘，赖特风格在亚利桑那州西塔里埃森的学校得到了广泛的传播。赖特拒绝与装饰艺术等过去的风格潮流妥协，从而为自己确立了作为美国现代主义之父的稳定的地位。

图8-12　流水别墅内的壁炉

六、阿尔瓦·阿尔托

阿尔瓦·阿尔托是芬兰的著名建筑师，他的职业生涯开始与浪漫主义、北欧的民族主义，以及新古典主义和青年风格派有着某种联系。他倡导人情化的设计理念，设计作品具有明显的个人特征，同时也反映了时代的要求和本民族的特点。阿尔托不回避现代技术，对技术和环境持平等的态度，尊重人性和地域文化。

土伦·圣诺马特——芬兰的图尔库一家报社设计的大楼是阿尔托1929年设计的第一件具有国际主义风格的理性主义建筑。建筑外立面是用钢筋混凝土墙构筑成的一个白色盒子，墙上是不对称的带行窗，底层是巨大的玻璃窗。在印刷车间里，无梁楼板使结构的艺术表现力得到了充分发挥。钢筋混凝土柱子向内侧倾斜柱子的弧形边缘和扩大了的柱头，使其向上舒缓地与上部顶棚相连的系列做法，创造了一个与众不同的空间，满足了严格的实用功能。室内细部诸如照明设备、栏杆、甚至门把手的设计都经过仔细研究，整体设计的理念贯穿始终。

阿尔托的国际声望是通过一所大型医院建筑的设计确立起来的，即帕米欧结核病疗养院，建于1930～1933年。这座建筑长向的部分用作病房，所有的房间朝南以接受良好的日照，另外一侧是较短的部分，带有室外长廊，一个中央入口门庭以及用作公共餐厅和服务用房的建筑单元（图8-13）。建筑内部空间开敞、简洁，并具逻辑性，但细部却格外精致。接待室、楼梯、电梯，以及一些小的元素，如照明和时钟都经过精确细致的特别设计。

位于诺尔马库的玛利亚别墅是为古利申家族而设计的，这座建筑审慎地将国际主义风格的思想逻辑和秩序融合在一起，几乎是浪漫地运用了自然材料和比较自由的形式。柱廊、工作室以及休闲空间采用随意和流动的方式布置，这样用起来比较灵活，空间看上去也不单调。

1939年，纽约世界博览会上的芬兰馆像盒子一样的室内空间设计采用了流动的、自由形式的墙体。一道木板条墙体向上倾斜在主要的展示空间中，从而在上面一层隔出一个附加的展示空间。一座平台餐厅位于展馆最后，该餐厅还可以放映电影。波浪形木条构成的倾斜墙体以及挑台构成一处令人兴奋的空间，可以看见陈列在其中的芬兰的工业产品。展馆体量不大，所处的位置也并不显著，但却为阿尔托赢来极高的评价和国际声誉。

在室内设计方面，阿尔托很早就有了杰出的表现，结合他自己设计的家具、灯具，形式丰富，优美动人，体现了时代的特点。

图8-13 帕米欧结核病疗养院

20世纪50年代以后，阿尔托在室内设计方面又有进一步的发展，他充分利用了建筑结构的构件作为装饰，使结构与装饰的需要融为一体。此外，他也将室内的功能要素与装饰结合起来。1952年建成的珊纳特塞罗市政厅就是这个时期的代表作品（图8-14）。

七、装饰艺术

现代主义似乎在第一次世界大战之后不久就大获全胜，结果是任何其他的与其生机勃勃的需求不符合的风格都一般被看作落后的，但与现代建筑同时发展的是较为商业化、时新的现代派，也就是我们现在称为"装饰艺术"的风格样式。

装饰艺术起源于第一次世界大战后的法国，在那里，原始艺术、立体派绘画和雕塑与现代的主题，如电力、无线电以及摩天大楼等结合在一起，形成巨大的影响。人们接受了装饰这一概念，装饰艺术得到推广与其说是理论上的原因，还不如说是商业化和时髦促成的。这种风格大多用在剧院和展览馆建筑中，有时也会用于办公

图8-14　芬兰珊纳特塞罗市政厅

大楼的外观和公寓的室内设计中。这种风格在英国也颇为流行，并且不同程度地影响到其他欧洲国家。

第一次世界大战对于决定法国建筑和装饰的发展方向是极其重要的。尽管有了新艺术和后来的贝瑞和夏涅尔的现代主义，但在20世纪的最初20年期间的许多法国室内设计中还喜欢用衰落的路易十六风格。

装饰艺术可以说是20世纪最后的根植于过去风格中的"新"风格。至少在法国，它是新古典主义的最后一个"产儿"。法国20世纪20年代设计的最高峰是1925年在巴黎举办的装饰和工业艺术展览会。出于1915年展览构思的设计囊括了当时所有的主要潮流，包括许多令人耳目一新的展馆，这些展馆的设计极其新潮，从这些设计的照片中，我们经常可以获得比实物更具象的装饰艺术室内设计的印象。雅克·伊麦尔·卢曼是展览会中最突出的设计师，像大多数以室内设计师著称的同行们一样，他原本是一位家具设计师。

像卢曼一样，安德尔·格罗特为20世纪20年代最受欢迎的室内设计师之一。他将18世纪的家具放入简洁的路易十六风格室内中，具有大胆的当代特点。在装饰艺术中，精致的铁饰品很重要，特别是爱德加·布朗特设计的铁饰品，他将铸铁与青铜结合，采用广泛的题材，如图案化的鸟、云彩、光线、喷泉和受20世纪20年代设计师喜爱的抽象花束等。

装饰艺术在法国不失时机地悄悄混入现代主义中，部分是受立体主义影响所致，

立体主义对室内装饰设计起了相当重要的作用。

20世纪早期出现了有别于建筑师的室内设计师，许多社会妇女投入装饰设计行业中。在英国，有西瑞·毛姆、克勒法克斯女士和曼尼夫人；在美国，艾尔西·德·沃尔夫（Elsie de Wolfe）率领马里安·霍尔，艾尔西·柯柏·韦尔森和罗斯卡米等人进入装饰设计界。第二次世界大战延缓了他们以及其他建筑师、设计师的活动，并突然中断了自20世纪20年代以来持续的室内装饰设计的繁荣状态。英国将一种强烈的怀旧元素带入了室内设计界年轻设计师的思维中，与20世纪30~40年代电影的复兴趣味一起，威廉·莫里斯、新艺术和装饰艺术与维多利亚女王时代被"重新发现"（图8-15）。美国这个时期的设计师有些是从欧洲移民过来的，因此把装饰艺术风格带到了美国，如保罗·弗兰克尔、约瑟夫·厄本等。这个时期建成的洛克菲勒中心、克莱斯勒大厦和帝国大厦的建筑和室内设计都具有装饰艺术风格的特征（图8-16）。

第二次世界大战以来，室内设计已成为一种主要职业，然而将一个人的住宅委托给室内设计师设计的想法却常不被人理解和质疑，仿佛这种做法是20世纪的一个新鲜事。此时的室内设计师向所有过去的设计学习借鉴，而且已经准备好并且能够去设计室内空间的每一部分。这导致现代室内设计大多成为折中主义风格，室内设计师可以毫无顾忌地将许多不同时期的元素放在一起，创造一种与19世纪复古主义毫无瓜葛的风格。19世纪或20世纪早期的有远见的设计师对这种行为很恐惧，认为这是没有倾向的设计也是一种没有来由的行为。

图8-15　伦敦《每日快报》大厦大厅

图8-16　纽约帝国大厦大厅

第二节

第二次世界大战之后的室内设计

在20世纪转折之机，产生了一种在概念上是国际性的建筑艺术，但在不同的国度里，明显地表现出个性和差异，这也是建筑师有幸在他们的作品上表现其个性的一次机会。在第二次世界大战的劫难之后，建筑和室内设计思潮的主要特点是"现代主义"设计原则的普及。建筑师们进行不同风格和样式的探索，使现代主义有了不同语言和表达方式，在一定程度上丰富了当时的建筑和室内设计。

一、国际主义时期的室内设计

（一）理性主义

理性主义是指形成于两次世界大战之间的以格罗皮乌斯和他的包豪斯以及勒·柯布西埃等人为代表的欧洲"现代建筑"。现代主义似乎在第一次世界大战之后不久就大获全胜，结果是任何其他的与它的生机勃勃的需求不符合的风格都一般被看作是落后的，但与现代建筑同时发展的是法国的装饰艺术。

在两次世界大战之间，勒·柯布西埃自称为"功能主义"者。所谓功能主义，人们常以包豪斯学派的中坚德国建筑师B.陶特

的"实用性成为美学的真正内容"作为解释。而柯布西埃所提倡的是要摒弃个人情感、讲究建筑形式美的"住宅是居住的机器"，恰好就是这样的。柯布西埃还认为建筑形象必须是新的，必须具有时代性，必须同历史上的风格迥然不同。他说："因为我们自己的时代日复一日地决定着自己的样式。"他在两次世界大战之间的主要风格就是具有"纯净形式"的"功能主义"的"新建筑"。因此功能主义建筑无论在何处均以方盒子、平屋顶、白粉墙、横向长窗的形式出现，也被称为"国际式"，最先流行于美国。人们常把密斯为代表的纯净、透明与讲求技术精美的钢和玻璃方盒子作为这一时期的代表。第二次世界大战后，这种风格占有很重要的主导地位。

（二）粗野主义

粗野主义是20世纪50年代下半期到20世纪60年代中期喧噪一时的建筑设计倾向，其美学根源是战前现代建筑中对材料与结构的"真实"表现，保留水泥表面模板痕迹，采用粗壮的结构，主要特征在于追求材质本身粗糙狂野的趣味（图8-17）。

粗野主义最主要的代表人物是第二次世界大战后风格转变的柯布西埃，马赛公寓是

这一风格的典型案例。马赛公寓不仅是一座居住建筑而且更像一个居住小区，独立与集中地包括有各种生活与福利设施的城市基本单位。它位于马赛港口附近，东西长165m，进深24m，高56m，共有17层（不包括地面层与屋顶花园层）。其中第7、8层为商铺，其余15层均为居住用。它有23种不同类型的居住单元，可供从未婚到拥有8个孩子的家庭，共337户使用。它在布局上的特点是每三层作为一组，只有中间一层有走廊，这样15个居住层中只有5条走廊，节约了交通面积。室内层高2.4m，各居住单元占两

层，内有小楼梯。起居室两层高，前有一绿化廊，其他房间均只有一层高。第7、8层的服务区有食品店、蔬菜市场、药房、理发店、邮局、酒吧、银行等。第17层有幼儿园和托儿所，并有一条坡道一直到上面的屋顶花园。屋顶花园有室内运动场、茶室、日光室和一条300m的跑道。柯布西埃放弃了追求机器般完美、精致的纯粹主义设计观，直接将带有模板痕迹的混凝土粗犷表面暴露在外。

柯布西埃设计的印度昌迪加尔行政中心建筑群也是粗野主义的代表作品。

（三）典雅主义

与粗野主义相对的就是典雅主义，它主要发展于美国。典雅主义致力于运用传统的美学法则通过现代的材料、结构和技术来产生规整、端庄与典雅的庄严感，讲究结构精细、构件纤巧和技术的精美。代表人物为美国的菲利普·约翰逊、爱德华·斯东和日裔建筑师雅马萨奇。

雅马萨奇主张创造"亲切与文雅"的建筑，提出设计不但要满足实用功能，而且要满足心理功能，通过秩序感等美的因素增加人们视觉的欢愉和生活的情趣。他的典雅主义建筑倾向于使用尖券和垂直的因素，在他的作品中我们能够感受到类似于哥特风格的高直美。代表作品有纽约世界贸易中心和普林斯顿大学的会议中心等（图8-18）。

斯东的代表作品有美国驻印度大使馆、斯坦福大学早期的医院（图8-19）、1958年布鲁塞尔世界博览会的美国馆等。美国驻印度大使馆庄严、秀美、华丽、大方、典雅，

图8-17　J.斯各特设计的富图那教堂内部祭坛

图8-18　普林斯顿大学威尔逊学院

图8-19　斯坦福大学医院

集中体现了斯东"需要创造一种华丽、热情而又非常纯洁与新颖的建筑"的观念。主楼呈长方形，前面是一个圆形的水池，建筑外观端庄典雅，金碧辉煌。

纽约林肯文化中心是约翰逊和其他两位建筑师共同完成的，三栋建筑围绕着中央广场布局，包括舞蹈与轻歌剧院、大都会歌剧院和爱乐音乐厅。其中，舞蹈与轻歌剧院为约翰逊设计（图8-20）。

这一时期国际主义风格占主导地位，同时建筑师们也进行了各种不同风格的探索和尝试。人们经常提到的功能主义者的公式"住宅是居住的机器"，它反映了在当时将科学朴素而机械地理解为一种固定的、可作逻辑论证的、在数学上无可置疑的永恒真理，这是对科学的僵化和陈旧理解。现如今，已经被相对的、灵活的、更有表现力的概念所取代。在美国，以赖特为代表是有机建筑论，在欧洲以芬兰的阿尔瓦·阿尔托、瑞典的一些建筑师以及一些年轻的意大利建筑师

图8-20　纽约林肯中心舞蹈与轻歌剧院

为代表，力求满足更为复杂的需求和功能，不但在技术上和使用上是功能主义的，而且在心理方面，也要予以一定的关注和考虑。这些建筑师在功能主义之后，提出了建筑和设计的人性化任务。

如果说功能主义者从事于解决劳动群众的城市规划问题、为最低标准住宅、为建筑标准化和工业化进行了英勇的斗争，换言之，即功能主义者集中解决数量的问题，那么，有机建筑则看到人类是有尊严、有个性、有精神意图的，也认识到建筑既有数量问题，也有质量问题。路易斯·康就是其中的一位，他的实践起到了承上启下的作用（图8-21）。

有机的空间充满着动感、方位的诱导性和透视感，以及生动和明朗的创造性。它的动感是有创造性的，因为其目的不在于追求炫目的视觉效果，而是寻求表现人们生活在其中的活动本身。有机建筑运动不仅是一种时尚，而是寻求创造一种不但本身美观，而

图8-21　路易斯·康设计的菲利普斯·埃克塞特学院
　　　　图书馆

且能表现居住在其中的人们有机的活动方式的空间。

对现代建筑和室内设计作品的审美评价标准固然与对过去的没有什么不同，但现代建筑的艺术理想却是与它的社会环境分不开的。一片弯曲的墙面已经不再是纯粹某种幻想的产物，而是为了更加适应于一种运动，适应于人的一条行进路线。有机建筑所获得的装饰效果，产生于不同材料的搭配，新的色彩效果与功能主义的冰冷严峻形成鲜明的对比，新颖、活泼的效果是由更深藏的心理要求所决定的。人类活动和生活的多样性、物质和心理活动方面的需求、精神状态，总之，这个完整的人——肉体和精神结合的整体的人，正是后来的现代艺术之后和后现代主义及其他主义的源头。

二、后现代主义时期的室内设计

虽然每一种"风格"都会给建筑师和设计师强加一定的约束，但国际主义风格在个人表达上却不留空间，除了一些非常优秀的作品之外。在第二次世界大战之后不久，范斯沃斯住宅的主人在《美丽的房屋》一文中将他的房子摒弃为"圆滑的俗气"，一位评论者描述密斯的作品为"空空如也的优美大厦，与地点、气候隔离、功能或内部活动没有关联。"

20世纪60～70年代突出的变化是，建筑师和评论家这两部分人都对"现代建筑运动"丧失了信心。这类评论家主要出现在20世纪60年代，不仅在英、美，而且遍

布全世界。这为后现代主义强烈自我的表达开辟了道路，后现代主义主要是针对现代主义、国际主义风格千篇一律、单调乏味的特点，主张以装饰的手法来达到视觉上的丰富，设计讲究历史文脉、引喻和装饰，提倡折中的处理，后现代主义在20世纪70～80年代得到全面发展，并产生了很大影响。

"后现代主义"这一称谓来自查尔斯·詹克斯，而理论基础则来自罗伯特·文丘里所著的《建筑的复杂性与矛盾性》一书。在这本书中，文丘里对现代主义的逻辑性、统一性和秩序提出质疑，道出了设计中的复杂性、矛盾性与模糊性。1972年又在《向拉斯维加斯学习》一书中进一步发展了他的理论学说。

后现代主义由于运用装饰、讲究文脉而背离了忠实于功能美学原则的现代主义。这些传统符号的出现并不是简单地模仿古典的建筑样式，而是对历史的关联趋向于抽象、夸张、断裂、扭曲、组合、拼贴、重叠，利用和现代技术相适应的材料进行制作，通过隐喻、联想，给人以无穷的回味（图8-22）。后现代主义极具丰富的创造力，

使我们的现实生活变得多姿多彩。这个设计阵营的队伍颇为壮大，他们有阿尔多·罗西，里卡尔多·波菲尔、迈克尔·格雷夫斯（波特兰市政厅）、矶崎新（筑波中心）、查尔斯·摩尔（新奥尔良意大利广场）、彼得·埃森曼（美国俄亥俄州立大学韦克斯纳视觉艺术中心）、屈米（巴黎拉维莱特公园）、菲利普·约翰逊（纽约电报电话大楼）、罗伯特·文丘里（普林斯顿大学巴特勒学院胡堂）（图8-23）等。

美国建筑师斯特恩将一些后现代的建筑特征总结为"文脉主义""引喻主义"和"装饰主义"。虽然这些后现代建筑师大都不愿意被贴上后现代主义的标签，但他们的设计实践确实呈现出这样一些共同的特征：首先是回归历史，喜欢用古典建筑元素；其次是追求隐喻的手法，以各种符号的广泛使用和装饰手段来强调建筑形式的含义和象征作用；然后是走向大众与通俗文化，戏谑地使用古典元素；最后是后现代主义的开放性使其并不排斥似乎也将成为历史的现代建筑。

尽管格雷夫斯不喜欢"后现代主义"这一提法，但他是最享盛誉的后现代主义的设

图8-22　文丘里母亲的住宅

图8-23　胡应湘堂

计大师之一。他才华横溢、诙谐有趣的家具和室内设计已纷纷为其他项目所效仿。1980年他设计的波特兰市政厅成了建筑领域引起争论最多的一栋建筑。此后，他一直坚持自己的创作方向，优秀的作品层出不穷。长期以来一直坚持现代主义的菲利普·约翰逊，在1984年设计的美国电报电话大楼时也转向了后现代主义（图8-24）。后现代主义有两种不同的创作方向：戏谑的古典主义和保守的古典主义复兴。前者采用是即兴游戏式的创作态度，后者采用的则是比较端正和严肃的手法。

戏谑的古典主义是后现代主义影响最大的一种设计风格，它采用折中的、戏谑的、嘲讽的表现手法，运用部分的古典主义形式或符号，同时用各种刻意制造矛盾的手段，诸如变形、断裂、错位、扭曲等把传统构件组合在新的情境中，以期产生含混复杂的联想，在设计中充满一种调侃、游戏的色彩。被称为后现代主义室内设计典范作品的奥地利旅行社，是由汉斯·霍莱因于1978年设计的，采用了舞台布景式的设计，以写实的手法布置了一组组风景片段，以唤起旅行者对异域风景的联想。旅行社营业厅设在一楼，是一个独特的、饶有风味的中庭。中庭的天花是拱形的发光天棚，它仅用一根根植于已经断裂的古希腊柱式中的不锈钢柱支撑，这种寓意深刻的处理手法体现了设计师对历史的理解。钢柱的周围散布着九棵金属制成的摩洛哥棕榈树，象征着热带地区。透过宽大的棕榈树，可以望见具有浓郁印度风情的休息亭，让人产生一种对东方久远文明的向往（图8-25）。

由美国最有声望的后现代主义大师格雷夫斯为迪士尼公司设计的建筑都带有明显的戏谑古典主义痕迹，佛罗里达州的迪士尼世界天鹅旅馆和海豚旅馆，以及位于纽约的迪士尼总部办公楼都属于这类作品（图8-26）。天鹅旅馆和海豚旅馆建筑的外观具有鲜明的标志性，巨大的天鹅和海豚雕塑被安置在旅馆的屋顶上，有些滑稽和夸张的设计向人们炫耀着不同寻常的童趣。内部设计风格更是同迪士尼的"娱乐建筑"保持一致，格雷夫斯在室内使用了古怪的形式和艳丽的色彩。在这里，古典的设计语汇仍然充斥其中，古典的线脚、拱券和灯具以及中

图8-24　纽约电话电报大楼

图8-25　维也纳奥地利旅游局

世纪教堂建筑中的集束柱都非常和谐地存在于空间之中。

　　保守的古典主义复兴，其实也是狭义的后现代主义风格的一种类型，是一种返回古典主义的倾向。它与戏谑的古典主义不同，没有明显的嘲讽，也不是对20世纪20~30年代折中主义特征做精确的复制，而是在古典原则的基础上力求创作出新作品，适当地采取古典的比例、尺度、符号特征作为创作的构思源泉，同时更注意细节的装饰，在设计语言上适度地进行夸张，并多采用折中主义手法，因而设计效果往往会更加丰富、奢华。帕拉第奥的设计理想、古典柱式、柱子和天花出现在这些作品中，它不是作为滑稽的装饰，而是从历史中引用作为新设计的基础。

　　格雷夫斯设计的位于肯塔基州的休曼纳大厦，是他最有代表性的保守的古典主义复兴作品，该建筑作品内部设计堪称后现代主义经典。朴实、凝重、有力的空间感觉与外观紧紧呼应。整个形象运用了现代的空间表现手法，没有明显的古典语汇，但通过引喻与暗示给人一种浓厚的传统氛围，显得高雅而华贵。位于日本福冈的凯悦酒店与办公大楼的设计也出自格雷夫斯之手，酒店部分是由一个13层高的圆筒体及两座6层高的附楼组成，圆筒体居中有明确的轴线对称关系，室内空间也是"高潮迭起"。

　　约翰逊的纽约A.T.&T.总部办公大楼顶部采用被认为是基于齐彭代尔书橱顶部天花形式，穿过大楼入口处的一个拱券形大门，进入一座大理石门厅，其天花、墙面的细部和室内环境的光色都流露出中世纪的修道院的氛围（图8-27）。门厅中央是一座大型雕像，体现了后现代主义的理念和20世纪30年代装饰艺术的风格。

　　后现代主义重新确立了历史传统的价值，承认建筑形式有其技术与功能逻辑之外独立存在的联想和象征的含义，恢复了装饰在建筑中的合理地位，并树立起了多元文化价值观，这从根本上弥补了现代建筑的一些不足。

　　后现代主义是从现代主义和国际风格中

图8-26　纽约迪士尼总部餐厅

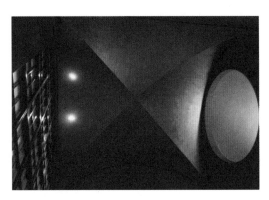

图8-27　纽约电话电报大楼天花

衍生出来并对其进行反思、批判、修正和超越。然而后现代主义在发展的过程中没有形成坚实的核心，在实践中基本停留在形式的层面上而没有更为深刻的内容，也没有出现明确的风格界限，有的只是各种流派风格特征。20世纪80年代后期，这种思潮开始大幅地降温。

第三节

多元化时期的室内设计

20世纪70年代以来，由于科技和经济的飞速发展，人们的审美观念和精神需求也随之发生明显变化，世界建筑和室内设计领域呈现出新的多元化格局，设计思潮和表现手法更加多样，不同的设计流派仍在持续发展。尤其是室内设计逐渐与建筑设计分离，从而获得前所未有的充分发展。随着世界经济的发展所带来的观念更新，不可避免地产生新的文化思潮，其艺术形态也是多姿多彩的。室内设计领域也达到空前的繁荣，涌现出风格多样的室内设计风格与流派。

一、新现代主义风格

新现代主义也就是所谓的晚期现代主义，是诸多发展方向中最为保守的流派，该流派的设计牢固地建立在现代主义的基础之上，自始至终地坚持现代主义的设计原则。

如果说国际主义风格的特点是统一、千篇一律和简洁，那么后现代主义似乎是趋向于复杂和趣味，追求所谓的唤起历史的回忆（实际并非是准确的历史含义）和地方事件的来龙去脉。它发掘出建筑上的"方言"，想要使建筑物具有隐喻性，并创造出一种模糊空间，同时还运用多种风格的形式，甚至在一幢建筑物上使用多种风格，以达到比喻和象征的目的。但是为时不久，现代主义在发展出过程中，一直强调功能、结构和形式的完整性，而对设计中的人文因素和地域特征缺乏兴趣，而新现代主义在这些方面却给予很充分的关注。后来的现代建筑师不再寻求单一的真正现代主义风格或单一理想的解决方法，他们开始重视个性和多样化。新现代主义侧重民族文化表现，更注重地域民族的内在传统精神表达的一些探索性作品开始出现。他们要告别密斯·凡·德·罗，重新审视安东尼·高迪的米拉公寓和勒·柯布西耶的朗香教堂。新现代主义设计师代表有路易斯·康、理查德·迈耶（法兰克福实用艺术博物馆、洛杉矶盖蒂艺术中心）（图8-28）、查尔斯·格瓦斯梅、丹下健三（东京都新市政厅大厦和东京代代木国立综合体育馆）、黑川纪章（日本名古屋市现代美术馆）、西萨·佩里（纽约世界金融中心及冬季花园、吉隆坡双子塔）（图8-29）、KPF事务所（芝加哥韦克大道333号大厦）、SOM事务所（国家商业银行）等。他们沿着早期现代派所追求的方向发展，一直坚持现代派的宗旨。

华盛顿美国国家美术馆原建的新古典主义风格的西馆的设计由德国建筑师辛克尔完成于1941年，由于美术馆的收藏越来越多，特别是现代艺术品越来越多，展览空间越来越局促，于是政府计划投资兴建美术馆东馆。东馆的地点在面对美国国会大厦的一块顶端为锐角的三角形狭长地带。这个项目具有很大的挑战性，它必须与新古典主义的西馆统一，又必须与新古典主义和折中主义风格的国会大厦建筑协调，同时还要与整个广场中的各种类型、建于不同时期的建筑具有协调关系，还不得不符合那条非常不适应任何建筑的三角形狭长地带。设计师贝聿铭先生在设计时充分考虑了这些因素，这些限制性因素反倒成就了一个史无前例的杰作。东馆共分为两个部分：一个等腰三角形的展览空间和一个直角三角形的研究中心，外墙使用与西馆相同的大理石材料，甚至与广场中间的华盛顿纪念碑保持关系，为了进一步强调与近在咫尺的旧馆协调统一的关系，在新馆的设计上采用了同样的檐口高度。在内部，采用了大玻璃天窗顶棚，三角形的符号反复在各个地方出现，以强调建筑形式本身所具有的特征。展览大厅内有许多面积大小不一、空间高度变化不同的展室。这些展室由形状各异的台阶、电动扶梯、坡道和天桥连接。明媚的阳光可以从不同的角度倾泻而下，在展厅的墙壁和地面上形成丰富多变、美丽动人的光影图案。大厅上空装有轻若鸿毛的金属活动雕塑，随风摆动，凌空翱翔，

图8-28 洛杉矶盖蒂艺术中心

图8-29 吉隆坡双子塔大堂

形成轻快活泼、热情奔放的气氛，具有强烈的现代主义特色（图8-30）。

出生于瑞士的建筑师马里奥·博塔的作品，装饰风格独特而简洁，既有地中海般的热情，又有瑞士钟表般的精确，代表作品有旧金山现代艺术博物馆。建筑造型中最引人注目的就是由黑白条石构成的斜面塔式筒体，而这里恰恰就是整个建筑的核心——中央大厅，黑白相间的水平装饰带延伸到室内，无论是地面、墙面还是柱础、接待台，都非常有节制地运用了这种既有韵律感又有逻辑性的语言，不仅增加了视觉上的雅致和趣味，也使空间顿时流畅起来（图8-31）。

日本的设计师在这方面的尝试比较多。其中颇负盛名的安藤忠雄便是其中之一。他一直用现代主义的国际性语汇来表达特定的民族感受、美学意识和文化背景。日本传统的建筑就是亲近自然，而安藤一直努力把自然的因素引入作品中，积极地利用光、雨、风、雾等自然因素，并通过抽象写意的形式表达出来，即把自然抽象化而非写实地表达自然，"光的教堂""水的教堂"就是其代表作（图8-32）。

新现代主义讲究设计作品与历史文脉的统一性和联系性，有时虽采用古典风格，但并不直接使用古典语汇，而多用古典的比例和几何形式来达到与传统环境的和谐统一。

图8-31　旧金山现代艺术博物馆

图8-30　华盛顿国家美术馆东馆

图8-32　日本大阪光之教堂

总之，随着社会不断地发展和科学技术的进步，新现代主义在肯定现代主义功能和技术结构体系的基础上，从不同的切入点去修正、完善和发展现代主义，使新现代主义呈现出多元的形式和风格向前发展。正是由于现代主义与社会发展相协调，因而，新现代主义的探索将会走上一个更高的发展阶段。

二、高技术派风格

高技术派更侧重于开发利用并有形展现科学进步和发展的成就，尤其侧重于先进的计算机、宇宙空间和工业领域中的自动化技术和材料等。早期现代派与技术紧密相连，但它的兴趣是在机器上以及意欲通过机器来创造出一种适合现代技术世界的设计表现形式。现在看来，过分地集兴趣于单一的机器已过时，把机械化设计视为解决一切问题的手段则显得天真、幼稚和浪漫。高技术派设计已进入电子和空间开发利用的"后机器时代"，以便从这些领域中学到先进技术并从这些领域里的产品中寻到一种新的美感。高技术派风格在建筑及室内设计形式上主要突出工业化特色和技术细节。强调运用新技术手段反映建筑和室内的工业化风格，创造一种富于时代特色和个性的美学效果，具体风格有以下特征：

（1）内部结构外翻，显示内部构造和管道线路，强工业技术特征。

（2）表现过程和程序，表现机械运行，如将电梯、自动扶梯的传送装置都做透明处理，让人们看到机械设备运行的状况。

（3）强调透明和半透明的空间效果。喜欢采用透明的玻璃、半透明的金属格子等分隔空间。

（4）高技术派的设计方法强调系统设计和参数设计。

以充分暴露结构为特点的法国蓬皮杜国家艺术中心，坐落于巴黎市中心，由英国建筑师理查德·罗杰斯和意大利建筑师伦·皮亚诺共同设计。这栋建筑最引人注目的是它那与众不同的外观，像一个现代化的工厂（图8-33）。蓬皮杜中心的柱、梁、楼板都是钢结构，而且全部暴露在建筑物之外，在建筑物沿街的那一面上，漆成不同颜色的各种大型设备管道毫不掩饰地竖立在建筑的外侧，不同的颜色表示不同的功能。建筑物朝向广场那一侧的立面上，一条透明的玻璃圆管从地面蜿蜒而上，在圆管中的两列供人上下的自动扶梯输送着进出艺术中心的人们。室内空间中所有结构管道和线路同样都成为空间构架的有机组成部分（图8-34）。

西萨·佩里的纽约世界金融中心作为对水晶宫明显的模仿，这座建筑提供了一个可

图8-33 巴黎蓬皮杜艺术中心外观

图8-34 巴黎蓬皮杜艺术中心

以用作音乐厅、展览馆和其他特殊事务的大空间。当不作上述用途时，便成为一个中庭通行空间，其中有通往周围商店的道路。色彩来自地面的图案、油漆的柱子和绿色树木。

三、解构主义风格

解构主义作为一种设计风格形成于20世纪80年代后期，它是对具有正统原则与标准的现代主义与国际主义风格的否定与批判。它虽然运用现代主义语汇，但却从逻辑上否定传统的基本设计准则，而利用更加宽容、自由、多元的方式重新构建设计体系。其作品采用极度的扭曲、错位、变形、打碎、叠加、重组的手法，使建筑物及室内表现出无序、失稳、突变、动态的特征。结构主义的设计特征可归纳如下：

（1）刻意追求毫无关系的复杂性，无关联的片断与片断的叠加、重组，具有抽象的废墟般的形式与不和谐性。

（2）设计语言晦涩，片面强调和突出设计作品的表意功能，在作品和受众之间设置沟通的障碍。

（3）反对一切既有的设计规则，热衷于肢解理论，打破了过去建筑结构重视力学原理中强调的稳定感、坚固感和秩序感。

（4）无中心、无场所、无约束，具有设计因设计者而异的任意性。

解构主义的出现与流行也是因为社会不断发展，以满足人们日益高涨的对个性、自由的追求以及追新猎奇的心理。被认为是世界上第一个解构主义建筑设计家的弗兰克·盖里，早在1978年就对自己的住宅进行了解构主义尝试。在对住宅的扩建中，他大量使用了金属瓦楞板、铁丝网等工业建筑材料，表现出一种支离破碎，没有完工的状态。然而这种破碎的结构方式、相互对撞的形态只是停留在形式方面，而在物理方面不可能真的解构，像厨房中操作台、橱柜等都是水平的，以及各种保温、隔声、排水等功能也不能任意颠倒（图8-35）。此后，盖里一发而不可收拾，设计了大量的类似风格的作品，如洛杉矶的迪士尼音乐厅（图8-36）、普林斯顿大学的图书馆（图8-37）、西班牙毕尔巴鄂的古根海姆博物馆等。

图8-35　洛杉矶盖里住宅

四、极简主义风格

极简主义流派是盛行于20世纪60～70年代的设计流派，是对现代主义的"少就是多"风格的进一步演绎和发展。极简主义摒弃在视觉上多余的元素，强调设计的空间形象及物体的单纯、抽象，采用简洁明晰的几何形式，使作品整体有序又有力量。但常常会给人以过于理性、缺少人情味的感受（图8-38）。极简并不是意味着简单，而是用最少的语言表达更多的含义，是另一种意义上的复杂。极简就是意蕴无限，极简就是新派奢华，极简是外在的表现，丰富的内涵才是主题。极简主义风格的室内设计特征归纳如下：

（1）重视空间设计，将室内各种设计元素在视觉上精简到最少，大尺度、低限度地运用形体造型。

（2）重视比例关系，追求设计的几何性和秩序感。

图8-36　洛杉矶迪士尼音乐厅

图8-37　普林斯顿大学路易斯图书馆

（3）关注结构设计，注意材质与色彩的个性化运用，并充分考虑光与影在空间中所起的作用。

（4）重视材料选择，重视细部设计，做工精致仔细。

五、白色派风格

白色派是典型的现代主义风格。无论室内环境的造型要素是简单还是丰富，在设计中均大量运用白色，白色成为环境的主色调。由于白色给人以纯净、文雅的感觉，又增加了室内的亮度，而且在造型上又有独特的表现力，能使人感到积极、乐观或产生美的联想。在实际操作中又可以调和、点缀、装饰其他的颜色，以获得出众的效果（图8-39）。白色派的室内设计特征可以归纳如下：

（1）空间和光线是白色派室内设计的重要因素，往往予以强调。

（2）室内墙面和天花一般均为白色材质，或带有一点色彩倾向但接近白色的颜色。通常在大面积使用白色的情况下，采用小面积的其他颜色进行对比、点缀或修饰。

（3）地面色彩不受白色的限制，因此在色彩和材料的选择上具有很大的自由度。各

图8-38　纽约当代艺术博物馆

图8-39　法兰克福实用艺术博物馆

种颜色和图案的地毯、石材、地砖、地板等都可以使用。

（4）室内陈设上宜精美简洁。选用简洁、精美和能够产生色彩或形式对比的灯具、家具等陈设品，风格既可统一也可产生对比。

六、新古典主义风格

新古典主义也被称为历史主义，设计师在设计中试图运用传统美学法则并通过现代材料与结构进行室内环境设计，追求一种规整、端庄、典雅、高贵的氛围，来满足现代人们的怀旧情绪，号召设计师们要到历史中去寻找美感（图8-40）。新古典主义在形式上的特征可以归纳如下：

（1）追求历史上的任何一种风格，但不是简单地摹写，而是追求神似。

（2）用现代材料和加工技术去追求传统风格样式的典型特点。

（3）对历史中的样式用简化的手法，且适度地进行一些创造。

（4）注重装饰效果，往往会运用古代家具、灯具及其他有传统特征的陈设艺术品来营造或强化室内环境气氛。

七、新地方主义风格

与现代主义趋同的"国际式"相对立而言，新地方主义是一种强调地方特色或民俗风格的设计创作倾向，提倡因地制宜的乡土味和民族化的设计原则（图8-41）。新地方主义在形式上的特征可以归纳如下：

（1）由于地域特色的样式多样而丰富多彩，也就没有严格的、一成不变的规则和确定的设计模式。设计时发挥的自由度较大，以反映某个地区的风格样式和艺术特色为宗旨。

（2）设计中尽量使用当地的材料、技术和做法，在某种程度上符合可持续的设计原则，因此在欠发达地区可以提倡。

（3）注意建筑室内与当地环境的融合，从传统的建筑和民居中汲取营养，由此具有浓郁的乡土风情。

（4）室内设备和设施一定是现代化的，保证其舒适性。

图8-40　香港迪士尼乐园酒店餐厅

图8-41　利用窑洞空间改造成的客房

（5）室内陈设品一定要强调当地的民俗和风土特征。

八、新表现主义风格

新表现主义的室内作品多用自然的形体，包括动物和人体等有机形体，运用一系列粗俗与优雅、变形与理性的相对概念来表现这种风格。同时以自由曲线、不等边三角形及半圆形为造型元素，并通过现代技术成果创造出前所未有的视觉空间效果（图8-42）。新表现主义的室内设计有如下特征：

（1）运用有机的、富有雕塑感的形体以及自由的界面处理。

（2）高新技术提供的造型语言与自然形态的对比。

（3）时常用一些隐喻、比拟等抽象的手法。

进入20世纪80年代以来，随着室内设计与建筑设计的逐步分离以及追求个性与特色的商业化要求，室内设计所特有的流派及手法已日趋丰富多彩，因而极大地丰富了室内空间环境的面貌。

九、光亮派风格

光亮派也称银色派，其竭力追求丰富、夸张，富于戏剧性变化的室内环境气氛。在设计中强调利用现代科技的可能性，充分运用现代材料、工艺和结构，去创造一种光彩夺目、豪华绚丽、交相辉映的效果（图8-43）。光亮派室内设计一般有如下特点：

（1）设计时大量使用不锈钢、铝合金、钛金属、镜面玻璃、背漆玻璃、磨光石材或复合光滑的面板等具有高反射度的装饰材料。

图8-42 日本东京Prada专卖店

图8-43 北京威斯汀酒店二层过厅

（2）注重室内灯光照明效果。擅于用反射光照明或二次照明以丰富室内空间的氛围，加强渲染的效果。

（3）使用色彩鲜艳的地毯和款式新颖、别致的家具及陈设艺术品。

十、超现实主义风格

超现实主义在室内设计中营造一种超越现实的，充满离奇梦幻的场景，或充满童趣，或充满诗意，或光怪陆离。设计师力求通过别出心裁的、离奇的设计，在有限的空间中制造一种"无限空间"的感觉，创造"世界上不存在的世界"，甚至追求一种太空感和未来主义倾向。超现实主义室内设计手法离奇、大胆，因而产生出人意料的室内空间效果（图8-44）。超现实主义的特征可以归纳为以下几点：

（1）设计奇形怪状的，令人难以捉摸的内部空间形式。

（2）运用浓重、强烈的色彩及五光十色、变幻莫测的灯光效果。

（3）陈设或安置造型奇特的家具和设施。

十一、孟菲斯派风格

1981年以索特萨斯为首的设计师们在意大利米兰结成了"孟菲斯集团"。孟菲斯派的设计师们努力把设计变成大众的一部分，使人们可以生活得更舒适、更快乐。他们反对单调冷峻的现代主义，提倡装饰，强调用手工艺方法制作产品。并积极从波普艺术、东方艺术以及非洲、拉丁美洲的传统艺术中寻求灵感。孟菲斯派对世界范围的设计界具有比较广泛的影响，尤其是对现代工业产品设计、商品包装、服装设计等方面都产生了很大的影响。孟菲斯派的室内设计一般有如下特征：

（1）室内设计平面布局不拘一格，具有任意性和展示性。

（2）常用新型材料、明亮的色彩和新奇的图案来改造一些传统的经典家具。

（3）在设计造型上打破横平竖直的线条，采用波形曲线、曲面和直线、平面的组合，来取得室内设计出其不意的效果。

（4）超越构件、界面的图案，色彩涂饰。

（5）常对室内界面进行表层涂饰，具有舞台布景般的非长久性特点。

十二、超级平面设计风格

超级平面设计的室内设计是一种蒙太奇式的设计。室内外设计要素互为借用，把外景引入室内，大胆运用色彩。超级平面设计这种简便的平面涂饰丰富了室内空间形象，创造出了特殊的环境气氛（图8-45）。这种涂饰不受构件限制而且易于更换，因此在室内设计中的运用越来越普及。超级平面设计的特征可以归纳为以下几点：

（1）涂饰的方法使表皮独立，可以无限制发挥。

（2）具有尺度的自由性。打破常规地以人为准则的设计尺度把握，不受任何约束和限制。

图8-44　餐馆的室内设计

（3）改变了原有建筑室内构件的意义，使其具有意外性和不确定性。

（4）具有简洁和快速的特点，很少的投资就能改变效果。

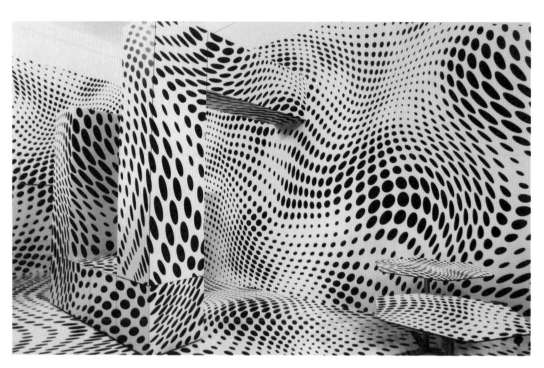

图8-45   超级平面设计

思考与练习

1. 新时代室内设计呈现出什么样的特点？

2. 现代主义时期室内设计的特点有哪些？

3. 怎样在当代室内环境的营造中延续古典建筑环境的特征？

4. 如何塑造具有乡土主义特色的室内环境？

5. 怎样才能实现在室内设计中的创新？

6. 选择任何一类建筑，对其形式进行概括、抽象处理，并用抽象后的形式符号完成三个室内立面设计。

第九章

室内设计的程序
与表达

科学、有效的工作方法可以提高工作效率，也可以使复杂的项目易于控制和管理。在设计的过程中，按时间的先后和工作程序的需要安排设计步骤的方法称为设计程序。设计程序是经过设计人员长期的工作实践总结出来的、具有一定目的的自觉行为，能够为后来的工作提供具有一定借鉴意义的框架，能够保证设计工作的效率和质量。

当然，设计程序也不是恒定不变的，不同的设计单位、设计师、工程项目和建造条件会直接影响到设计进行的步骤。尽管如此，设计程序还是有规律可循的。掌握一定的设计程序和方法能够加强参与项目各方之间的配合和协作，以确保工作顺利、有效地进行。

第一节

室内设计的程序

室内设计是一项非常复杂和系统的工作。在设计中除了涉及业主、设计人员、施工方等方面，还牵涉到各种专业的协调配合，如建筑、结构、电气、上下水、空调、园艺等各种专业。同时，还要与政府各职能部门沟通，得到有关的批准和审查，才能具体落实。

为了使室内设计的工作顺利进行，少走弯路，少出差错，在众多的矛盾中，先考虑什么，后解决什么，必须要有一个很好的程序，只有这样，才能提高设计的工作效率，从而带来更大的经济效益和社会效益。

一、室内设计的工作目标

根据室内设计的性质、工作范围的要求，其工作目标可确定为以下四个方面。

（一）室内空间设计

在给定的建筑空间、结构条件下，根据使用功能的要求，重新确定平面布局和空间的造型（图9-1）。

（二）室内装饰设计

从美学的角度对室内各个界面（如地面、天花板、墙面、柱子等）进行装饰设计。如室内界面的装饰形式、色调的搭配、材料的选择等（图9-2）。

（三）室内物理环境设计

根据使用功能的要求，安排设置室内需要的设施、设备，如采光、照明、制冷、保温、隔声、消防、通信、信息网络等。

（四）室内陈设设计

主要指针对室内的各种家具、陈设品、艺术品、纺织物和室内环境的绿化等的设计

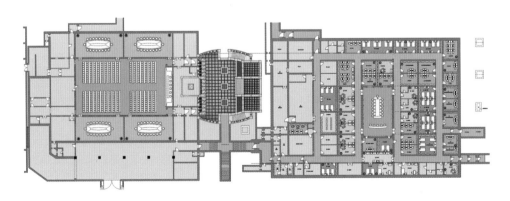

图9-1　室内平面布局设计

（图9-3）。

上述四个方面从总体上概括了室内设计的工作目标，但这四个方面不是孤立的，而是相互关联和制约的，在实践上往往需要不同专业的技术人员配合和协作。有时，室内设计师对某些具体内容不一定亲自动手设计，而是根据方案的要求，直接市场采购或定做。同时，室内设计师还要扮演工程的组织者和指挥者的角色，从整体上把握和控制整个项目。

二、室内设计的工作程序

室内设计工程一般要经过设计和施工两个步骤，设计并不是一个简单的图板或计算机上的工作，它是一个非常具体、细致的工作，可以分为以下七个阶段。

（一）室内设计的意向调查阶段

室内设计的意向调查是指在设计之前对业主的设计要求进行翔实、确切的了解，进行细致、深入的分析。其主要内容包括室内项目的级别、使用对象、建设投资、建造规模、建造环境、近远期设想、室内设计风格要求、设计周期、防火等级要求和其他特殊要求等。在调查过程要做详细的笔录，逐条地记录下来，以便通信联系、商讨方案和讨论设计时查找。调查的方式可以多种多样，可以采取与甲方共同召开联席会的形式，把对方的要求记录在图纸上。类似的调查会有可能要进行多次，而且每次都必须把要更改的要求记录在图纸上，回来后整理成正式文件交给对方备案。这些调查的结果可以同业主提出的设计要求和文件（任务书、合同书）一同作为设计的依据。

（二）室内设计的现场调查阶段

多数的室内设计工作是在建筑设计完成后、施工进行的过程中，或建筑施工已经完成的时候进行，室内设计工作受到建筑中各种因素的限制和影响，因此，有必要在设计开始前对建筑的情况进行一定的了解，减少日后工作中不必要的麻烦。所谓现场调查，就是到建设工地现场了解外部条件和客观情况，如自然条件，包括地形、地貌、气候、地质、建筑周围的自然环境和已形成的存在环境，以及了解建筑的性质、功能、造型特点和风格。对于有特殊使用要求的空间，必

图9-2 界面装修设计

图9-3 壁画设计

要时还要进行使用要求的具体调查，以及确认建筑的供热、通风、空调系统及水电等服务设施状况。同时，我们还要研究城市历史文化的延续，人文环境的形成发展，以及其能对设计产生影响的社会因素。当然，还应该考虑到适合当地的技术条件、建筑材料、施工技术，以及其他可能影响工程的客观因素。

（三）方案设计

经过前两个阶段的资料收集和整理，然后进行综合分析，在分析的基础上，开始方案设计的构思。构思是室内设计的基础。室内环境要考虑到整个建筑的功能布局，整个空间和各部分空间的格调、环境气氛和特色。设计师要熟悉建筑和建筑设备等各专业图纸，可以提出对建筑设计局部修改的要求。在室外环境设计中，首先对它的功能布局和形式要有大体上的安排，同时要照顾到它与周围环境、城市规划之间的关系；景观与周围建筑的位置大小、高度、色彩、尺度的关系，以及它与城市的交通系统、城市的整体设计的关系。

在进行方案构思的阶段，一定要思路开放，多提出几种想法，进行更多的设计尝试，探讨各种可能性。然后把几种设想，全面地进行比较，明确方案的基本构思，选出比较满意、合适的方案。在此阶段，方案得到进一步推敲、完善，最终完成方案效果的展现（图9-4、图9-5）。

方案设计由构思和方案设计两个环节构成，构思阶段是设计的起点，其要点是根据功能和业主的要求提供创意，为室内环境的

风格、特点、品质进行定位，我们也可以把它称为"概念设计"。一个好的创意和恰当的定位，是作品成功的关键因素，它引导并决定着下一步工作的方向。方案设计阶段也是对设计师的经验、能力和创作水平的考验。一般情况下，构思的形成主要是通过大量徒手草图以图形思维的方式来实现的，而徒手草图的质量常常与设计师的造型能力、经验、视觉形象的积累和职业素养有直接关系。因此，重视对造型能力的培养是提高设计水平的重要途径。

方案设计阶段是将构思草图以标准的图形语言进行表达的过程（图9-6）。正投影图是设计师和工程施工人员进行交流的语言

图9-4　中庭方案（一）

图9-5　中庭方案（二）

媒介，这种语言不仅可以使任何复杂的设计内容得到精确的剖析、描述，同时也是一种世界通用的制造业的标准语言；透视图则是设计师、业主和施工人员进行交流的通俗语言，因此，这一阶段的主要任务是以这两种语言完整地表达创意，一般包括平面布置图、装饰装修立面图和主要空间的透视效果图。

方案设计的实施是通过对给定的空间，运用图形思维的方法进行平面功能分析，探索解决问题的各种可能性的过程。工作的重点是功能分区、交通流向的组织，以及家具的布置、设备安装的设想等。人与室内环境的关系可以概括为"动"与"静"两种形态，这两种形态在设计中转化为交通空间与可利用空间关系的"平面功能分析"，就是研究如何将交通空间与可利用空间以最合理的方式组织在一起，它涉及位置、形体、距离、尺度等时空因素。我们以一个宾馆的大堂为例，来说明功能分析的过程。

大堂一般设在首层，它是我们了解一个宾馆整体形象的窗口，是宾馆的交通枢纽，直接与各类服务机构发生联系（图9-7）。

因此，它要求有较开阔的视域、良好的交通路线和照明条件、完善的公共标识系统、优雅的休闲空间等。与大堂直接发生联系的功能空间有前台服务、总台、值班经理台、休息区、电梯厅、商务办公、邮政、商店、咖啡厅、餐厅、行李寄存处等（图9-8）。无论宾馆的规模大小，这类设施一般都安排在大堂附近。这些功能的布局往往在建筑设计阶段就已被确认，但业主总是根据经营的需要，进一步提出规划要求。一般我们多使用徒手草图的方法，研究各种功能的相互关系，给出不同的方案，进行比较选择。

（四）初步设计阶段

在设计方案得到甲方的认可后，就该开

图9-7　昆明洲际酒店大堂

图9-6　方案草图

图9-8　昆明洲际酒店大堂休息区

始初步设计了，这是室内设计过程中较为关键性的阶段，也是整个设计构思趋于成熟的阶段。在这个阶段我们可以通过初步设计图纸的绘制，弥补、解决方案设计中遗漏的、没有考虑周全的问题，提出一套较完整的，能合理解决功能布局、空间和交通联系、艺术形象等方面问题的设计。同时我们还要做初步设计概算的编制工作。

（五）技术设计阶段

这是初步设计具体化的阶段，也是各种技术问题的定案阶段，初步设计完成后，把初步设计的图纸交给电气、空调、消防等各个专业，各个专业根据自己的技术要求，肯定会对初步设计提出自己的修改意见，这些意见反馈到室内设计师这里，室内设计师必经根据这些建议修改自己的初步设计。通过与各个专业的多次协调，设计师应能很好地处理掉这些技术与艺术之间的矛盾，当然会有些牺牲或让步，但最终能在艺术与技术之间达到一种平衡，寻求技术与艺术的完美结合。在本阶段，室内设计师应该明确各主要部位的尺寸关系，确定材料的搭配。

（六）施工图和详图设计阶段

施工图和详图设计阶段是室内装饰工程的重要环节，在项目实施前必须由设计师根据业主的要求，提出完整详细的施工方案。一套完整的施工图包括以下几方面的内容：以正投影的方法绘制的平面布置图、立面图、顶平面图、透视图、节点详图、施工放样图、材料样板以及关于施工做法的设计说明等。

一套完整的施工图应包括三个层次的内容：界面材料与设备位置、结构的层次与材料构造、细部尺寸与装饰图案。施工图是对方案的进一步深化和完善。施工图和详图主要是通过图纸把各部分的具体做法，确切尺寸关系，建筑构造做法和尺寸全部表达出来。还有材料选定，灯具、家具、陈设品的设计或选型，色彩和图案的确定，以及绿化的品种、环境设施的设计或挑选。施工图和详图要求准确无误、清楚周到、表达翔实，并提示施工中应注意遵守的有关规范。这样，工人就可以根据图纸施工了。施工图和详图工作是整个设计工作的深化和具体化，也可以称为细部设计，它主要解决构造方式和具体做法，解决艺术上整体与细部、风格、比例和尺度的相互关系。细部设计的水平在很大程度上影响整个环境设计的艺术水平，施工图完成后，还要制作材料样板，连同图纸一并交给甲方。

界面材料与设备位置主要表现在平面和立面图中，与方案图不同的是，施工图里的平、立面图主要表现地面、顶面、墙面的构造式样、材料的分界搭配、标注设备、设施的位置和尺寸等。常用的施工平、立面图的比例为1：50或1：100，重点界面可放大到1：20或1：10。

结构的层次与材料构造在施工图里主要表现在剖面图中。剖面图应表现出不同材料和材料与界面连接的构造，由于装饰装修的节点做法繁杂，能让设计师准确地表达出自己对构造的理解，要考虑到既节省材料又符合功能的要求。细部尺寸与装饰图案主要表现在节点详图中，节点详图是对剖面图的注释。常用的详图比例为 1：5、1：2 或 1：1。在条件许可的情况下，最好使用 1：1 的比例，因为其他的比例容易造成视觉误差。

（七）施工监理阶段

业主拿到施工图纸后，一般要进行施工招标确定施工单位。确定后，设计人员要向施工单位交底，解答施工技术人员的疑难问题，在施工过程中，设计师要同甲方一起订货，选择和挑选材料，选定厂家，完善设计图纸中未交代的部分，处理好与各专业图纸有矛盾的地方。设计图纸中肯定会存在与实际施工情况或多或少不相符的地方，而且施工中还可能遇到我们在设计中没有预料到的问题，我们设计师必须要根据实际情况对原设计做必要的、局部的修改或补充。同时，设计师要定期到施工现场检查施工质量，以保证施工的质量和最后的整体效果，直至工程验收，交付甲方使用。

三、项目实施阶段

室内设计是一项复杂的系统工程，从项目的开始阶段就受到以下几个方面的制约：业主的委托（项目投标）工程造价和方案，设计的初步设计和项目合同，绘制施工图和选择施工单位制订施工组织计划和施工管理以及项目验收资料存档。因此，在实施过程中，就要遵循以下程序，以便有条不紊地完成项目工作。

（一）明确工作目标

室内设计的复杂性决定了项目实施程序的难度，预定的工作目标常常不是由业主单独提出来的，而是由设计单位与业主共同磋商的结果。一般情况下，业主的任务书只是一个抽象的、概括性原则，对于室内的功能、风格、材质、交通流向的组织等问题，需由设计者根据业主的要求加以明确。设计任务书是对设计项目定位，一般根据功能、投资额度、地理环境和时尚等因素来确定。

（二）收集资料信息、组织社会调研

工作目标确定以后，需对目标进行深入的分析，收集相关的资料，对建筑结构做详细的调查，研究建筑的结构类型，水、暖、电等系统的配置情况，层高、朝向等内容，通过查阅图纸、现场考查进行全面了解。此外，还必须了解、熟悉有关的建筑设计规范，以确保设计的合理性和安全性。

（三）设计程序的组织

从方案设计到交付施工的整个过程大致要经过以下几个程序：室内设计的意向调查阶段、室内设计的现场调查阶段、方案设计阶段、初步设计阶段、技术设计阶段、施工图设计阶段、施工监理阶段。

（四）室内装饰工程的投标程序

在市场经济条件下，为了保证业主的投资效益和工程质量，规范企业行为，建立公开、公平、公正的市场运行机制是社会建筑、装饰、装修市场发展的必然趋势，室内装饰工程的设计与施工也必须遵守这种规则。以北京地区为例，按照北京市建筑主管部门的规定，投资在 50 万元以上、建设规模在 300m² 以上使用国家资金的装饰装修工程必须进入指定的建筑市场，参与项目投标管理程序。

室内设计是一项非常具体的、艰苦的工作，只有一定的艺术修养是不够的，设计师们必须掌握技术学、社会学等方方面面的知识，而且要不断加深自身在哲学、科学、文化、艺术上的修养。一个好的设计师不但要有良好的教育和修养，他还应该是一位出色的外交活动家，能够协调好在设计中能接触的方方面面的关系，使自己的设计理念能够得到贯彻、落实。从室内设计的伊始直到工程的结束，室内设计已不再是一种简单的艺术创作和技术建造的活动，它已经成为一种社会活动——公众参与的社会活动。

第二节

室内设计的表达

表达是将设计师头脑中的抽象构想转换为具体视觉形象的一种技术，是用来表述设计者思维的无声语言，是设计最重要的传递媒介，供设计者自我沟通或与他人进行双向或多向交换意见，不但室内设计的思维是建立在图形思维基础之上，设计的传递也在很大程度上依赖于不同的表达方式。通过图形（包括草图、平面图、立面图和透视图等形式），模型等视觉手段来展现实际建成的效果，比文字等形式更加直观、可信。因此，对于设计者而言，熟练掌握和运用各种表达手段是至关重要的。

一、图形表达

图形表达是一种最方便、有效、经济，而且灵活的手段，制图本身并不是目的，而是设计师表达设计意图的手段，用于记录、描绘设计者的意图，在设计师和业主之间起到沟通的作用；同时它也是工程技术人员之间交流的技术语言，是项目实施过程中最有效的语言。图形表达的手段将贯穿任何一个项目的设计和实施过程的始终。

（一）草图

设计师头脑中的方案构思往往是零散和含混不清的，浮现在脑海中的想法会稍纵即逝，因此需要一种有效的手段准确地加以捕捉和记录，这时，运用视觉手段记录和传达信息，远比抽象的文字表示更加直观、有效。设计创作过程中的构思草图是表现这种目的的最有效方法，可将抽象思维有效地转换成可视的形象，以记录这些不确定的各种可能（图9-9）。构思草图包括功能分析图，交通流线图，以及根据业主的要求和其他调查资料来制作的信息图表，如矩阵图、气泡图等，可以用来研究各要素之间的关系，使复杂的关系条理化。还有具体某一空间各界面的立面草图，局部构造节点、大样图等，以及建立空间设计三维感觉的速写式空间透视图。草图是设计师比较个人化的设计语言，一般多作为设计初期阶段的沟通语言使用。草图通常以徒手形式绘制，虽然看上去不那么正式，但花费的时间也相对较少。其绘制技巧在于快速、随意、高度抽象地表达设计概念，无须过多地涉及细节，对于所用工具、材料、表现手法也无严格要求，可以使用单线或以线面结合的形式，抑或是稍加明暗、色彩来表达，随个人喜好而定，还可以结合使用一定的文字、图形符号进行补充说明，有限时间内应尽可能地多勾多画，提出尽可能多的想法，以便于积累、对比和筛选，为日后的继续发展和修改设计方案提供更多的可能（图9-10、图9-11）。

（二）正投影图

实际的建筑空间非常大，为将其容纳于图纸当中，应按一定比例将其缩小，所选比例须与图纸大小相吻合，并应足以表现必需的信息和资料。结合各种代表墙体、门窗、家具、设备及材料的通用线条和符号、图例，简洁、精确地对空间加以表达，选择合适的比例，如1∶100或1∶50等，施工图上必须标出所表现物品实际的真实尺寸。目前由于计算机绘图的巨大优势，更方便储存、复制与修改，几乎已经完全替代手绘施工图。

正投影图包括平面图、天花图、立面图、剖面图和详图。

1. 平面图

平面图是其他设计图的基础，采用的是从上向下的俯瞰效果，如同空间被水平切开并移除了天花或楼上部分。平面图可显示出

空间的水平方向的二维轮廓、形状、尺寸，以及空间的分配方式、交通流线，还有地面的铺装方式，墙壁和门窗位置、家具、设备摆放方式等（图9-12），对于高度或垂直尺寸，则无法充分表达。

图9-9　设计概念表达

图9-10　方案构思草图

图9-11　方案草图

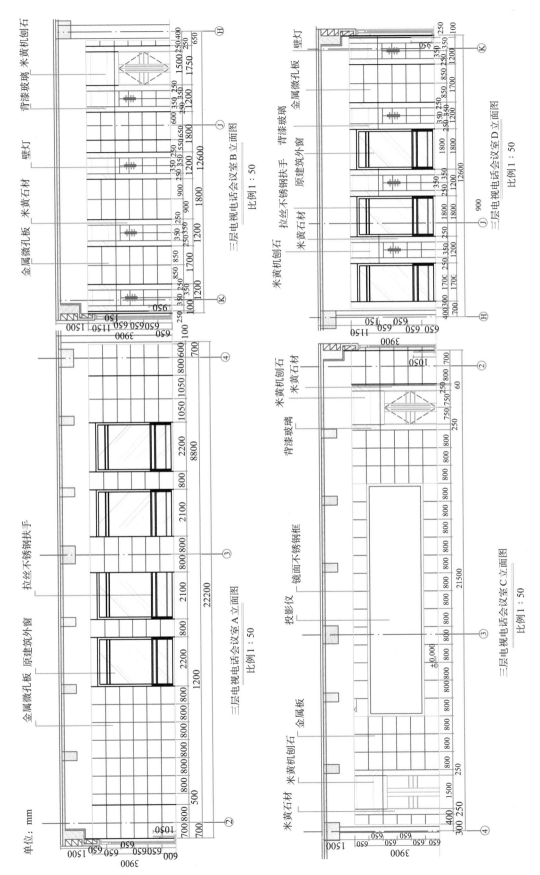

三层电视电话会议室B立面图　比例1：50

三层电视电话会议室D立面图　比例1：50

三层电视电话会议室A立面图　比例1：50

三层电视电话会议室C立面图　比例1：50

单位：mm

图9-12　平面图

2. 天花图

天花图表现的是天花在地面的投影状况，除了表达天花的造型、材质、尺寸，还应显示出附着于天花上的各种灯具和设备，如空调风口、烟感器、喷淋头等（图9-13）。

3. 立面图

立面图用于表达墙面、隔断等空间中垂直方向界面的造型、材质、尺寸等构成内容的投影图，通常不包括可移动的家具和设备（固定于墙面的家具和设备除外）（图9-14）。

4. 剖面图

剖面图与立面图比较相似，主要表达建筑空间被垂直切开后，暴露出的内部空间形状与结构关系。剖切位置应选择在最具代表性的地方，并应在平面图上标出具体位置。

5. 详图

详图是平面、立面或剖面图的任何一部分的放大，包括节点图、大样图，用于表达在平面、立面和剖面图中无法充分表达的细节部分。往往采用较大的比例绘制，有的甚至是足尺的1∶1，使之更为准确、清晰（图9-15~图9-17）。

（三）轴测图

轴测图也称平行透视，能够给人以三维的深度感觉。虽然由于没有灭点而在视觉上有些失真的感觉，但由于绘制较为容易，而且可以采用一定的比例，能够非常准确地表达对象的尺度、比例关系，适用于对空间的体量、结构系统进行简明易懂的描述，还可以用来表现家具等小型的物件（图9-18、图9-19）。

（四）透视图

虽然二维的平面、立面对于实际工程而言更具有现实意义，但这些图纸往往会使未受专业训练的人感到难以理解。透视图的使用缩短了二度空间图形的想象与三度实体间的差距，弥补了平面图纸在表达方面的不足，是设计师与他人沟通或推敲方案最常用的方法。透视法在15世纪的意大利艺术家手中就已经得到完善，利用透视法能够在二维的平面上表达三维深度空间中的真实效果，并以线条、光影、质感和颜色加强其真实感，与我们肉眼的视觉感受基本相同，可以展现尚不存在的建成后的效果（这一点是照相技术无法做到的）。透视图分手绘和计算机绘制两种，手绘透视图通常使用水彩、水粉、马克笔和彩色铅笔等工具和材料来绘制，需要设计师掌握一定的绘图原理、美术基础和一定的经验、技巧（图9-20~图9-23）。目前，由于计算机设备的硬件与软件的不断完善，不但在操作上更为简便快捷，而且能为没有受过设计专业训练的人所掌握。计算机效果图对物体的材料、质感、光线的模拟和表现已经达到近乎乱真的效果，容易被非专业人士接受，因此目前市场上大都使用计算机的绘制方式（图9-24、图9-25）。

二、模型表达

模型通常是指用来模拟设计的按一定比例制作的具有三度空间特征的立体模型。

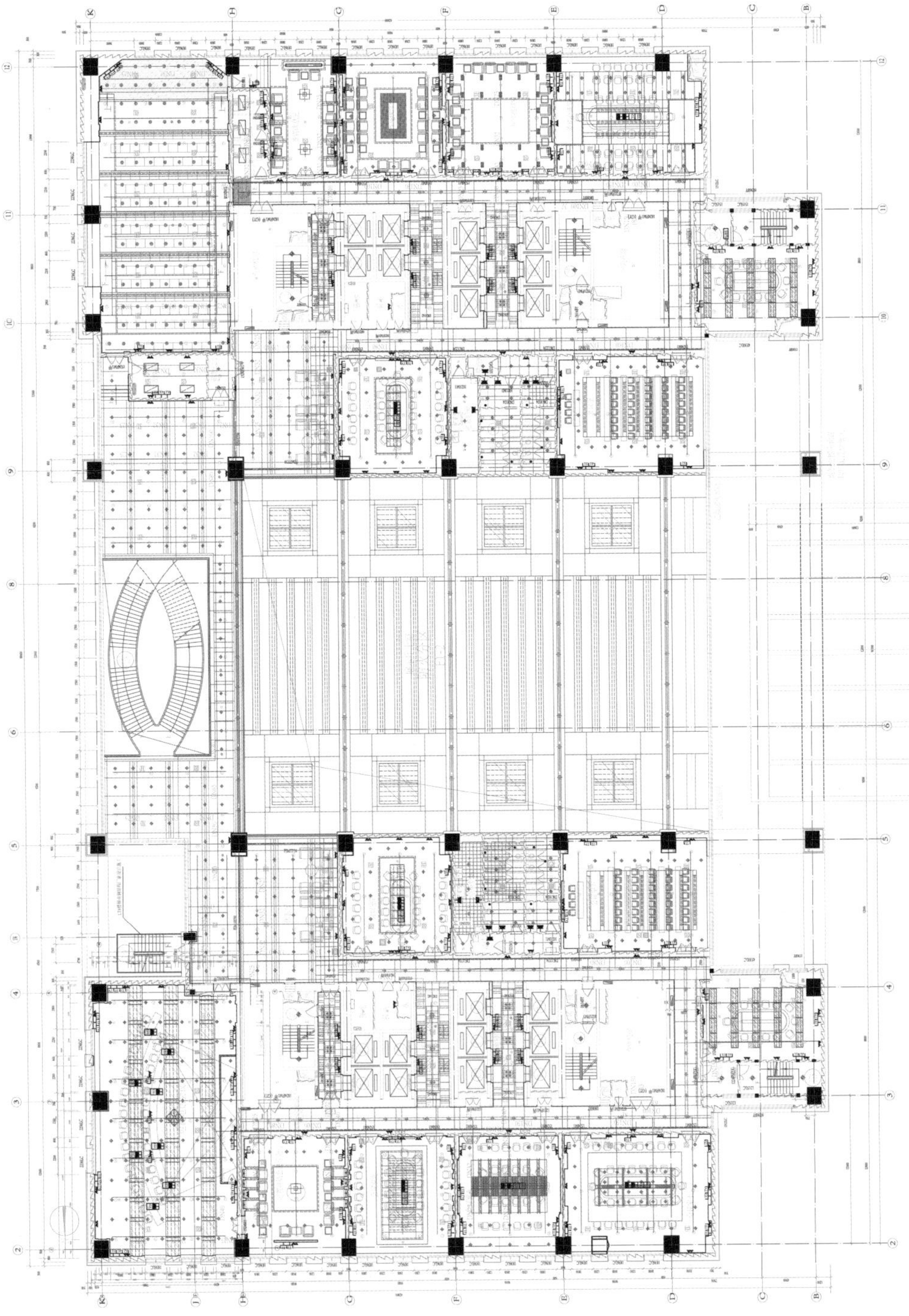

图9-13 天花图

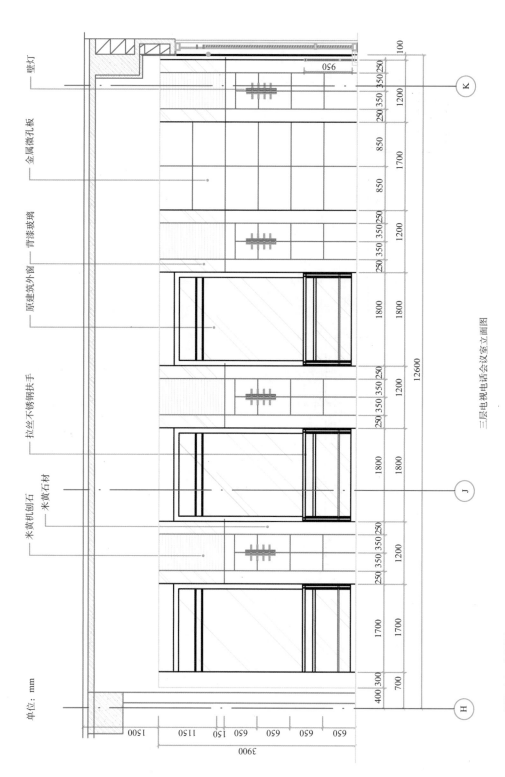

单位：mm

壁灯
金属微孔板
背漆玻璃
原建筑外窗
拉丝不锈钢扶手
米黄机刨石
米黄石材

三层电视电话会议室立面图

图9-14 立面图

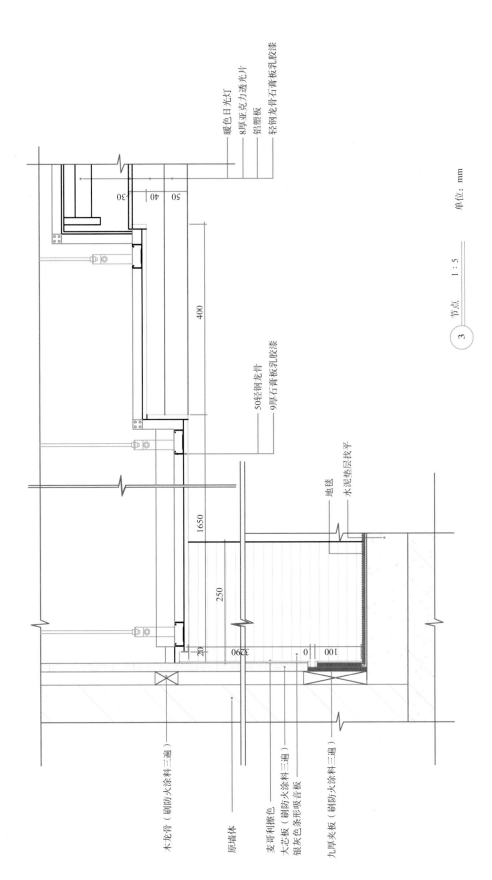

暖色日光灯
8厚亚克力透光片
铝塑板
轻钢龙骨石膏板乳胶漆

50系钢龙骨
9厚石膏板乳胶漆

地毯
水泥垫基层找平

木龙骨（刷防火涂料三遍）

原墙体

麦哥利擦色
大芯板（刷防火涂料三遍）
银灰色条形吸音板

九厘夹板（刷防火涂料三遍）

单位：mm

③ 节点   1：5

图9-15 节点图（一）

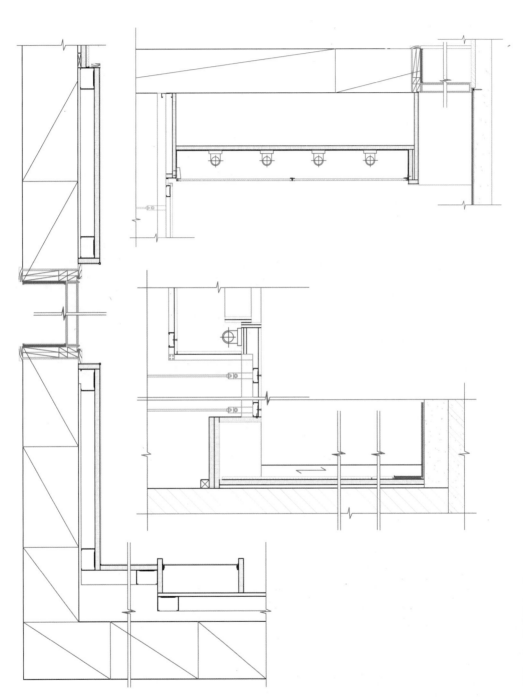

图9-16　节点图（二）

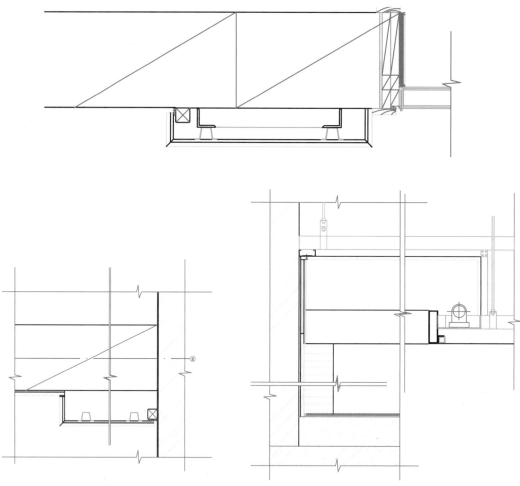

图9-17　节点图（三）

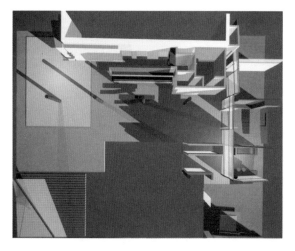

图9-18　轴测图中的空间体量

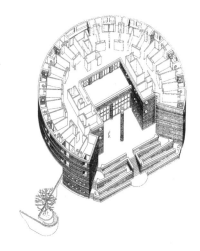

图9-19　轴测图中的结构

图9-20　手绘效果图（水彩与马克笔结合效果）

图9-21　手绘效果图（水彩效果）

图9-22   手绘效果图（水彩与马克笔结合效果）

图9-23   手绘效果图（马克笔效果）

图9-24 计算机效果图（一）

图9-25 计算机效果图（二）

模型不仅能够更加直观地表达我们的设计意图和想法，还是一种非常有效的辅助设计手段。在设计的过程中利用模型来推敲设计，把模型制作看作是设计过程的辅助手段，而不仅仅是设计的结果，但有些设计师尚不太习惯在模型制作的过程中推敲设计，一般只是把模型作为设计成果的表现。

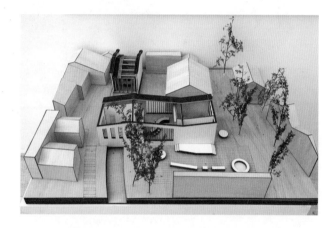

图9-26 模型（一）

规划设计和建筑设计的模型比较常见，室内设计则很少通过模型表现。即使制作室内模型，也与建筑模型不同，通常不做顶棚，目的是了解室内的空间构成和组织，方便从上面观看。有些大尺度的室内模型还会允许人在里面行走，它们具有更大的直观性效果，方便从多种角度进行观察和研究，或进行技术上的试验和测试，如歌剧院、音乐厅等场所的声学和光学试验等（图9-26～图9-28）。

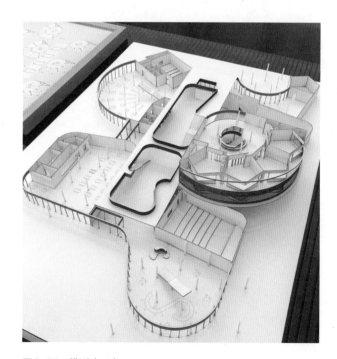

图9-27 模型（二）

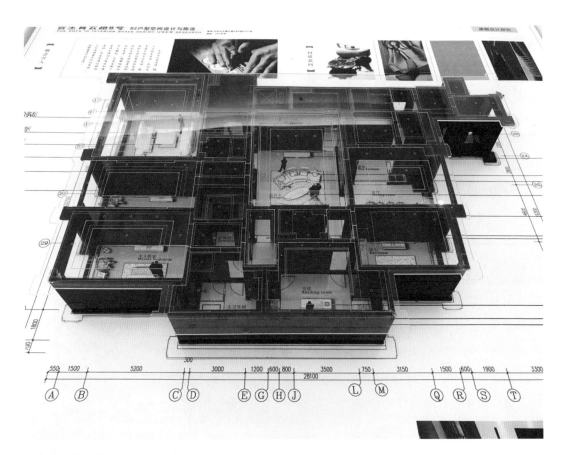

图9-28　模型（三）

?

思考与练习

1. 室内设计的工作目标是什么？

2. 室内设计的工作程序有哪些步骤？

3. 室内设计的表达方式有哪些？并在设计中尝
试几种不同的表达方式。

第十章

居住建筑的室内设计

室内设计是一个系统复杂的专业，涉及结构、上下水、电气（强电和弱电）、暖通、消防、材料等专业领域，需要掌握的知识十分复杂又精细，因此要开始室内设计的专业性学习应该选择一个比较适宜的切入点，需要由浅入深、从简单到复杂，循序渐进。如果选择的切入点过于复杂或简单，可能会导致两种不良的结果：对于缺乏经验初窥门径的设计者，因为没有必要的知识积累而无法驾驭设计，进而影响了学习兴趣和设计效果；而对于有一定专业基础的设计者，选择的课题如果过于简单，就不能得到持续深入的训练。经过对比考虑和多年的教学实践，笔者认为以居住建筑的室内设计作为系列室内设计专业课程学习的切入点是比较恰当的。因为一套住宅的规模一般都不会太大，功能构成完整、系统，而且相对来说没有那么复杂，比较容易掌控。

住宅是人们生活、工作、交往、栖息的场所，是人们休养生息的家园，是人们日常生活和工作中密不可分的部分，是人们最为熟悉和最为放松的地方。由于家居生活的丰富性和多样化，使住宅建筑室内环境的功能具有了一定的复杂性。通过这样一个具有一定典型性和复杂程度适当的设计训练，可以使初学者了解并掌握一个有一定难度的系统化的课题设计和设计方法，同时又不至于因规模过大、耗费精力过多而影响学习的兴趣和教学效果。

第一节

居住建筑的类型

　　家庭是社会发展的产物，不同的历史发展阶段、不同的国家和民族有不同的家庭结构、形式和生活模式。随着生产力的发展、社会的进步、生活方式和观念的改变，家庭结构也在不断发生变化，由复杂到简单，从大到小，而且越来越小。如由"四世同堂"几代群居的大家庭演变成为一对夫妇与其未婚子女的小家庭，并已成为现今社会的核心家庭，老人即与小家庭在条件允许的情况下相对分离开来，这已经成为社会的发展趋势。家庭结构分离的原因多样，但在家庭结构分离的过程中，家庭人口的组成是动态的，有四种较为普遍的情况：老人与隔代子女同住、夫妇与其子女和老人同住、夫妇与其未婚子女同住、无子女的丁克家庭。因此，从户型的选择来看，三居室的户型是较

为适宜的，能够满足多样的、不同的需要。

　　中国居住建筑的类型多种多样，可以大致分为居住功能类型和混合功能类型两大类。居住功能类型分为单元式、公寓式、混合式、独立式三类。混合功能类型分为居家办公式、独立工作室式。因此，中国城镇居民的住宅大致有以下几种类型：别墅（独立式、双拼、叠拼）（图10-1）、高档公寓、商品房（图10-2）、经济适用房、普通公有住宅、旧式私房（传统的民居、平房）、商住房等。不同类型的住宅在建筑结构和户型的组织上也有不同的特点，有复式结构（别墅、高档公寓、小型复式住宅等），平层单元式楼房（商品房、经济适用房、普通公有住宅等），混合式（室内地面有高差变化），平房等。

　　普通住宅一般面积相对较小，空间紧

图10-1　独栋别墅

图10-2　商品住宅

凑，一般不会有单独的餐厅，大都与起居室结合在一起，这是目前大多数普通住宅（经济适用房）的格局（图10-3）。而在高档住宅中，有单独就餐空间的自不必说，即使是起居和就餐区在一个空间中的，但由于有充足的面积，仍然能够形成相对独立的空间领域（图10-4）。

独立式住宅一直以来都是建筑师们极为关注的对象，而实际上，许多杰出的建筑大师都从事过独立式住宅的设计。例如，美国建筑师弗兰克·劳埃德·赖特，在七十多年的建筑生涯中就设计了大量的住宅，他为考夫曼设计的流水别墅已成为后人景仰的"圣地"。可以毫不夸张地说，独立式住宅的建筑实践对于他的工作思想和方法的形成，以及他的建筑哲学有着不可忽视的作用。法国建筑师勒·柯布西埃也是通过独立式住宅（萨沃伊别墅）的实验性

研究，提出了现代建筑的五项原则，为现代建筑语言的发展和完善奠定了基础。密斯·凡·德·罗在独立式住宅（图特哈根住宅）的设计实践中，总结发展了流动空间的概念（图10-5）。还有查尔斯·伊姆斯、彼得·埃森曼、罗伯特·文丘里、理查德·迈耶等著名建筑师也都在独立式住宅设计方面留下了不朽之作，更重要的是通过住宅的设计，阐述了他们的建筑设计思想和研究方法，对于形成他们的创作风格起到了重要的推动作用（图10-6）。这些足以说明，正是因为住宅的规模比较小，易于把握，往往成为建筑师们进行实验性研究、观念探索的突破口。捷克的批评家卡洛尔·莱格曾将赖特、密斯、路斯和勒·柯布西埃的设计称为"现代主义的'势利眼'，是20世纪商业贵族的宫殿，而且是巴洛克时代宫殿的翻版"。然而，他们中有些人也为集体主义和社会化住宅的设

图10-3 两居室的单元式住宅平面图

单位：mm

工人间与厨房相连设计，方便工人日常的厨事操作。居室的第二个出入口设置在工人间内，形成一个独立完整的工作区，不会干扰到主人

功能明晰的餐厅，有独立的采光明窗，用餐时也可欣赏窗外美丽景致，拥有一份用餐的好心情

电话线及网络线均为五类线入户，每户可装多部电话，实现百兆带宽，各主要房间均预留电话及网络插口。每户还预留光缆入户条件。除卫生间与厨房外，各房间均预留有线电视插口

门厅配置家庭智能化综合配线箱，室内用电线路由室外接入箱内，再分配到各个房间，由配线箱集中实现室内电话、电视、网络、安防报警及智能化系统的统一布置

豪华舒适的双主卧设计，满足住户三代同堂的需要，动静分离的格局，互不干扰，保证生活起居的私密性空间

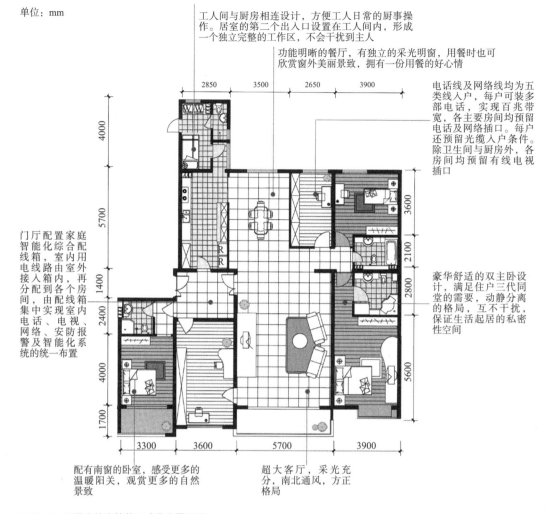

配有南窗的卧室，感受更多的温暖阳关，观赏更多的自然景致

超大客厅，采光充分，南北通风，方正格局

图10-4　四居室的高档单元式住宅平面图

图10-5　范斯沃斯住宅的起居室

图10-6　伊姆斯住宅

计进行了积极的探索，密斯曾主持了位于德国斯图加特附近的魏森霍夫一个低造价的住宅区的规划设计，而勒·柯布西埃设计了著名的马赛公寓。

第二节

居住建筑室内空间的构成及特征

住宅是家庭生活的场所，是维持家庭生存的基本条件，也是构成社会生活的基本单位。在这里，所有与家庭生活有关的事件，都集中在这个并不算大的空间里。住宅的功能、类型与家庭结构有着密切的关系，与组成家庭成员的组成、主要成员的职业、经济条件、受教育水平、个人喜好、宗教信仰、生活习惯等有直接的关系。随着社会的发展，带来了生活方式和工作模式的变化，住宅的功能也越来越丰富多样，越来越复杂。

一、居住建筑室内空间的构成

当下住宅的功能已经由最初满足单一的就寝、就餐等功用演化为集会客、休闲、聚会、工作、学习、展示、烹饪、储藏等多种功能于一体的综合性空间系统。而且就寝、就餐之外的空间比重还在继续增大，空间形态也日益丰富、精彩，复合的、流动的空间取代了单一的、呆板的空间形态。现在住宅的空间形态，无论是在水平方向上，还是在垂直方向上都越来越丰富。

（一）群体活动空间

群体活动空间即公共性空间，是以满足家庭公共需要为目的的综合活动场所，是一个与家人共享天伦之乐、兼与亲朋好友联系情感的日常聚会的空间。主要包括门厅（也称玄关）、起居室、餐厅、游戏室、家庭影院等。一方面，它成为家庭生活聚集的中心，在精神上反映着和谐的家庭关系；另一方面，它是家庭与外界交流的场所，象征着和谐与友善（图10-7）。

（二）个体活动空间

个体活动空间即私密性空间，是为家庭成员独自进行私密行为所设计和提供的空间，它能充分满足家庭成员的个体需求。主要包括卧室（图10-8）、书房（工作室）、卫生间等，卧室又可以分为主卧室、子女卧室、老人卧室、客人卧室等。

（三）家务区域空间

家务区域空间是供家庭成员或佣人进行清洁、烹饪、养殖等家务活动的空间，主要包括厨房、洗衣间、家务间、储藏间等，这些空间的功能也需明确。

假如不具备完善的工作场地及设施，主人会忙乱终日，疲于应对，而且影响美观、舒适和方便，家务活动以准备膳食、清洗餐具、洗涤衣物、清洁环境、修理设备为主。

图10-7　作为群体活动空间的起居室

图10-8　作为个体活动空间的卧室

二、居住建筑室内空间的特征

现在住宅的功能越来越复杂，空间形态也越来越丰富，但无论怎样都会呈现出以下几个特征。

（一）动静分区明确，主次分明

住宅建筑的面积无论大小，在功能分区上都会进行动与静、主与次的区域划分（图10-9）。

公共活动部分一般靠近居住建筑的入

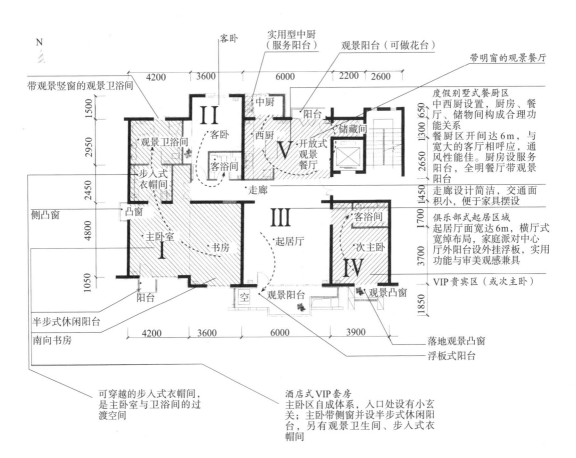

图10-9　住宅的平面功能分区

口部分。私密部分需要安静和隐蔽，应远离入口，并采取相应的措施使其隐蔽和私密。

（二）空间规模合适，尺度怡人

空间规模尺度根据使用的需要进行合理调整，空间不宜过大或过小，两种倾向都会产生异化的空间效果、不好的环境体验、不良生理和心理反应。

（三）空间形状简单，效率高

居住建筑的室内空间的形状应简单、实用，使用效率才会高。尤其是在小户型中，提高空间的使用率是设计中最为基本的追求。

（四）空间组合多样，丰富多彩

居住建筑的室内空间形态也日益丰富、精彩，复合的、流动的空间取代了单一的、呆板的空间形态。

第三节

住宅建筑的室内功能

家庭生活几乎包含了人生命成长过程中的各个阶段，幼儿阶段、儿童阶段、少年阶段、青年阶段、中年阶段、老年阶段等，涵盖了与人的生、老、病、死等有关的一切活动。室内设计不仅应该考虑到人这种阶段性的特点，还要考虑到家庭的结构、主要家庭成员的职业特征和经济条件等。但无论家庭的结构和经济条件如何，一套住宅应包含的功能空间大致有以下几方面：起居室、卧室、厨房、餐厅、门厅、卫生间、洗衣房、工作室或书房、储藏室等。住宅的档次不同，其包含的住宅面积、房间数量、设备条件等也各不相同。条件好一些的住宅，卧室一般在两个以上，夫妻、父母、孩子或客人都有自己独立的居住空间，分开居住，主卧室一般配有单独的卫生间。

一、起居室

家庭生活中最主要的集体活动场所就是起居室，在住宅中占有较大的面积，这里可以会客、看电视、听音乐、读书、上网聊天和进行其他休闲娱乐活动。为了满足上述功能，就需要对起居室的空间进行适当的划分，尽量使不同的活动相互之间不产生影响和干扰。但是，从我国大多数居民的经济条件出发，一般家庭中的不同活动都是在同一个空间中同时发生的，这就要求起居室的布置要具有多功能的属性。在这种情况下，起居室的布置在功能上要有主有次，形成一个中心，使环境在满足多样需求的基础上具有一定的整体性和美观性。

起居室的设计有不同的风格和类型，以

往西方人的起居室常以壁炉为中心，这是他们的生活传统，人们在这里相聚、会客、聊天、读书，构成了起居室的主体。在英国、德国、法国等国家的城市里，保留了许多传统住宅，虽然现代化的供暖设备早已取代了壁炉，但这种形式却依然留存了下来，成为人们对历史记忆的载体（图10-10）。

在中国的传统民居中，人们常以在中堂中布置的条几、太师椅、八仙桌为主体，在这里会客、喝茶、就餐、商议家事，使起居室成为家庭生活中最具活力的场所，这种传统直到现在仍然在我国南方的一些城镇居民中延续着（图10-11）。

起居室设计的要点，一是要根据建筑的格局、特点，确定室内的整体风格、类型，不同的风格需要采用不同的设计语言；二是根据面积、功能，摆放各类家具时，要注意家具的间隔和容限，家具的选择要与室内环境协调一致。现代起居室中的家具种类较多，如沙发、扶手椅、茶几、视听电器柜、书架或书柜、收藏品陈列柜、酒水柜等，如果没有单独的书房或工作室，还应考虑安排书桌、工作台和电脑桌等。

二、卧室

人的一生有1/3的时间是在睡眠中度过的，因此，一个好的睡眠环境可以帮助人迅速恢复体力和精力，调节人的情绪和精神状态，有助于生理和心理健康。完整的卧室环境应包括三个主要功能分区：睡眠区、更衣区、梳妆区。面积够大的卧室根据使用者的需要，还可以有工作学习区、阅读区、休闲区等。睡眠区主要由床、床头灯、床头柜等组成；更衣区由衣柜、座椅、更衣镜等组成；梳妆区由梳妆台、镜子、坐凳等组成。

卧室是家庭生活中最具私密性的部分，正常的家庭生活中，夫妻、孩子、老人的卧室均应单独设置，主卧室设双人床，孩子的卧室设单人床或高架床，老人卧室的床具要适应老人的健康状况，不宜采用地垫式的床具，还可根据老人的意愿，采用分体床。卧室的设计一般要注意以下几点。

（1）室内色彩宜选用悦目、柔和、沉稳的色调，以暖色系为主。照明宜采用暖色光源，使用漫射光和间接照明的形式，一般以台灯、落地灯、壁灯或暗藏的装饰照明较为

图10-10　在现代住宅的起居室中壁炉

图10-11　江苏扬州个园清颂堂

适宜（图 10-12）。

（2）卧室的设计可以结合吊顶垂直界面的装修，作为一个整体加以考虑，使其更加具有个性和完整性，但仍要以舒适实用为主（图 10-13）。

（3）床的位置最好避开门窗，一面靠墙三面临空。

（4）做好门窗的隔声密封处理，不要在卧室设置有噪声的电器设备。

（5）卧室的地面最好铺设地毯，可降低走动时的声音，但缺点是不便于日常维护，因此大多数家庭会选用木地板。

（6）窗帘应选用薄、厚两层——纱帘和遮光窗帘或可调节的百叶窗帘。

三、厨房

厨房在日常生活中占有十分重要的位置，是住宅中功能比较复杂的空间之一。不仅内容多，而且对材料、设备和施工质量的要求也十分严格，如果处理不好，很容易发生安全事故。例如，下水不通、煤气泄漏、油烟倒灌等，任何一处出现问题，都会给家庭生活带来无端的烦恼，甚至会导致生命和财产损失。许多家庭为了节俭，往往忽视厨房和卫生间的装修，认为在这方面花太多的钱没什么必要，结果可能因为选用的材料、设备、配件质量不好，或是因为设计得不合理，给日后的生活带来许多意想不到的麻烦。

按照现代人们的生活观念，越是容易造成污染、影响环境质量的地方，就越应该花更多的精力，使用更好的材料进行装修处理，这样才能用起来安全、方便。

一个良好的厨房，一般包括三个主要的功能分区，即储存区、备餐区和烹饪区，每个区域都有自己的一套设备。按工作流程进行合理的布局，是厨房设计的关键。在面积容许的情况下，可以将厨房和早餐台结合考虑，或布置一台洗衣机。

1. 储存区

储存区是储备食品和餐具的地方，冰箱是最主要的设备，其次是存放各类餐具的橱柜。

2. 备餐区

备餐区包括用餐前、餐后两部分内容。

图 10-12 卧室的照明设计

图 10-13 卧室的整体设计

餐前进行食品加工、洗菜、切菜、配料等；餐后洗碗、清除残渣、消毒等。因此，这个区域的主要设备是案台、清洗池和垃圾箱。有条件也可装设洗碗机、消毒柜，清洗池也应是双槽双温配置。

3. 烹饪区

烹饪区是厨房的中心，主要装备有灶具、炊具、烤箱、微波炉、抽油烟机、放置炊具和各类调料的橱柜、挂架、案板等。

随着建筑装饰业的发展，厨房和卫生间的配套产品已大量涌入市场，一些厨具公司还可以为用户专门设计、定做适合自己家庭环境的配套厨具，这使得室内设计、装修行业的分工进一步细化，也推动了这一行业的工程质量不断提高。

厨房的平面布局，以调整三个工作区的位置为基础。常见的有三种平面布局形式。

（1）"U"形平面：适合于方形空间，开间一般在 2.7～3.3m²。三个区各占一面墙，距离基本相等，便于操作，清洗池一般位于中间（图10-14）。

（2）"L"形平面：适合于矩形空间，开间一般在 2.1～2.4m²。可利用两面墙，但 L 形的一条边不宜过长。清洗池一般置于中间，按照冰箱→桌柜→清洗池→案台→灶具的顺序排列，便于操作（图10-15）。

（3）走廊式平面：适用于较窄的空间，根据空间的宽窄，橱柜可以单面或双面布置（图10-16）。如果是双面橱柜，相对的两组设备之间，应有 1.2～1.5m 的间距。

在我国大多数的居民住宅中，没有独立设置的餐厅，就餐区与起居室、客厅或门厅

是共用的，即使是高档住宅，为了生活上的便利，一般也不把餐厅与客厅单独隔开，这就使该区域具有了多功能的性质。

四、餐厅

餐厅的位置一般应与厨房相邻，除了餐桌、餐椅、酒水柜、餐具柜等家具的设计或购置以外，室内环境的色彩和光源宜采用暖色调。在设计风格上，一方面要与整体环境保持一致，另一方面可以点缀一些活跃的

图10-14　U形平面的厨房及餐厅

图10-15　L形平面的厨房

图 10-16　走廊式布局的厨房

元素，没有人愿意在沉闷、呆板的氛围中进餐。

就餐区与会客区不一定有明显的空间界线，可以通过局部界面材料、照明方式和室内陈设品等因素，使就餐区与会客区有适当的区别。如果室内空间比较紧凑，这种区分就是多余的，而一些面积较大的门厅或起居室空间比较开阔，在装修设计上就应当考虑使餐厅和客厅具有相对独立的空间领域感，这样的处理在视觉上、心理上和功能上，都能使"家"的概念得到充分的表达，令室内整体环境既有秩序，又有变化（图10-17）。

与起居室结合在一起的餐厅，必须与整个公共空间的氛围协调，餐桌椅的选择和搭配同样起着塑造环境氛围的作用。

此外，餐厅也可以和厨房结合在一起设计。餐厅和厨房之间不用截然分开，可以通过家具或隔断进行功能上的划分（图10-18）；有的甚至合二为一，餐厅和厨房完全在一个空间中。这时，餐厅和厨房的设计要通盘考虑，餐桌椅、橱柜、配套的家具、厨具、餐具、灶具和操作案台等要进行整体性设计，使就餐环境呈现出和谐而有

秩序的氛围（图10-19）。但需要注意的是，这种方式更适合使用西餐厨房的家庭，中餐厨房由于油烟较大，对室内空间的界面和家具等陈设品容易造成污染，不利于日常的维护，因此不适宜采用。

五、卫生间

卫生间是现代家居环境中最容易被人忽视的重要空间，其数量的多少、面积的大小、洁具的质量、装修标准等，能直接反映出家庭生活质量的高低。近年来，随着住宅建设标准的提高，除了户内使用面积有所扩大以外，卫生间的数量及卫生间与盥洗室分

图10-17　与起居空间结合在一起的餐厅

图10-18　餐厅和厨房之间仅通过一个通透性极强的陈列柜分隔

开独立设置已是普遍的趋势，这样可以减少家庭成员之间的干扰和影响，使家庭生活更加便利、舒适（图10-20）。

卫生间的功能至少应考虑以下几个方面：如厕、洗浴、洗面、化妆等，有的还需要考虑洗衣和储藏的功能。一般家庭的卫生间有两种类型——多功能组合的卫生间、盥洗与便厕分离的卫生间。根据功能的要求，卫生间的设备、设施大致应包括热水器、淋浴器、浴盆、洗面盆、坐便器、毛巾搭杆、浴巾架、浴帘杆、手纸盒、化妆镜、洗浴用品台（这两项经常结合照明，被设计成为一个整体）、排风扇、浴霸、防水插座等。在条件允许的情况下，还可增加供女性使用的净身器。另外，在我国北方寒冷地区的住宅中，应考虑在冬季供暖前和供暖后浴室的取暖问题，浴霸的使用是一种很好的选择。

卫生间的设计装修重点，应考虑照明、换气、室内色调、选择和安装洁具、防水和用电安全。洁具、上下水配件、五金件、面砖、吊顶材料等应选用高质量的耐用产品。

六、书房、工作室

在现代人的生活方式中，阅读、学习、居家进行必要的工作已经成为很多人生活中的必要活动，因此书房和工作室（图10-21）已经逐渐成为越来越多的人在居室中必不可少的空间。尤其是对那些从事特殊职业的人，工作室是必不可缺的，如艺术家、设计师、作家、音乐家等。

1. 书房的性质

书房可以为使用者提供一个阅读、书写、工作和密谈的空间，因此需要一个安静、良好的物理环境。

2. 书房的空间位置

书房的位置要有良好的朝向、采光、景观和私密性。在朝向方面，一般宜采用南向、东南向、西南向，忌朝北（油画家除

图10-19　餐厅与厨房完全处于一个空间里

图10-20　卫生间

外）；适当远离生活区，如起居室、餐厅、娱乐室等；远离厨房、储藏间等家务用房，以便保持清洁。另外，和儿童卧室也要保持一定的距离，以免受到影响。

3. 书房的布局及家具设施要求

书房的布局及家具设施与使用者的职业有关，除阅读外，还要有工作室的特征。书房一般可以划分成工作区域、阅读藏书区域两大部分。工作和阅读应该是主体，有的还要求设置休息区和谈话区。

4. 装饰设计

书房是一个工作空间，但不能等同于一般的办公室，要与家庭的整个环境相和谐，要依据主人的习惯来布置、摆放家具、设施以及艺术品，以体现主人的品位和个性，富有人情味和个性（图10-22）。

七、公共走道的设计

1. 公共走道及楼梯的作用

（1）交通作用：用来联系各个功能空间，解决水平方向、垂直方向的交通。

（2）引导作用：在空间的组合变化中具有一定的引导性和暗示性，引导人到特定的功能空间。

2. 公共走道的形式

公共走道的形式一般有一字形、L形、T形等（图10-23）。

3. 公共走道的装饰手法

公共走道的装饰手法多以简洁实用为主，有的甚至简化至极致，并逐渐以一种新的角色出现在住宅建筑室内空间中。

4. 走道的组成元素

走道的组成元素包括顶棚（通常与储藏顶柜相结合），地面（从属地位，选材注意声学上的要求），墙面（是走廊的主角，可以较多地装饰和变化，但要注意装修、陈设、门窗之间的关系，与整体的风格相协调）。

5. 楼梯的位置

楼梯是解决住宅室内垂直交通的建筑构件，楼上一般是私密性空间，因此楼梯的位置不宜突出，通常设在公共空间的边缘，但在豪华的、高标准的住宅中则不同，可以设置在重要的位置上，成为空间的重点或中心

图10-21 工作室

图10-22 书房

（图10-24）。

6. 楼梯的形状及尺寸

楼梯有一跑楼梯、两跑楼梯、旋转楼梯、L形两跑楼梯（图10-25）、弧形楼梯等多种形式，可根据不同的户型采用不同的形式，但无论哪种形式，楼梯的宽度不小于900mm。

7. 楼梯的装饰手段

（1）踏步：踏步采用耐磨防滑材料，如石材、地砖、地板及地毯，要注意踏步和楼梯侧面收口边缘的处理。

（2）栏杆：栏杆高度一般900~1100mm，为了安全，栏杆的选材和密度一定要得到保证。

（3）扶手：扶手在人们触手可及的位置上，尺度上要适合，造型比例要讲究，材料选择要精细安全。

八、储藏空间的设计

住宅建筑中的储藏空间包括储藏间、步入式更衣室、吊柜、地柜、衣柜、橱柜、床体等多种多样的形式。储藏空间虽然重要，但往往在住宅空间中处于边缘的位置和角落，是一个容易在设计过程中被忽视的地方，因此在做真实项目设计的时候应给予足够的重视。

1. 储藏空间的作用

储藏空间主要用来储藏日常用品、衣物、被褥、粮油、工具、杂物等。

2. 利用被忽视的空间

除了单独设计储藏空间外，一定要充分

图10-23　一字形走道

图10-24　楼梯

图10-25　L形楼梯

利用一切可以利用的空间，如可垂直利用而未加利用的空间；在室内布置家具设备时，形成的难以利用而闲置的角落；未被利用的家具空腹。例如，楼梯的下部、侧部和端部；走廊的顶部；此外还可以开发家具的多功能性。

九、阳台、平台

阳台分为开敞式和封闭式两大类，在我国，一般北方的住宅都会采用封闭式阳台，而在南方一般会采用开敞式的阳台。平台一般都是开敞式的。

阳台和平台都是建筑物室内的延伸，是居住者呼吸新鲜空气、晾晒衣物、摆放盆栽的场所，其设计需要兼顾实用与美观的原则。阳台一般有悬挑式、嵌入式、转角式三类。阳台和平台可以使居住者接受光照、吸收新鲜空气、进行户外锻炼、观赏、纳凉、晾晒衣物，如果布置得好，还可以变成宜人的小花园，使人足不出户也能欣赏到大自然中的色彩，呼吸到清新且带着花香的空气。

阳台和平台的功能主要有以下几点：

（1）洗衣、晒衣、贮物、堆放闲置物品。

（2）可供休闲、观景的生活场所，如小花园。

（3）设在厨房旁边的服务阳台，以作为晒衣及其他家务杂用。

（4）作为其他用处，如扩充室内空间。

（5）作为小房间、健身房等。

十、其他功能空间

随着生活质量的提高，人们对居住环境质量的要求越来越高，住宅的面积越来越大，功能也越来越复杂。因此，除了主要常见的功能空间外，有些住宅还有健身房、展厅、影音室、游戏室、酒窖、台球室（图10-26）等不常见的功能空间，需要根据主人的使用要求和功能需要进行具体设计。

图10-26　台球厅

第四节

住宅建筑的室内设计

住宅建筑的室内设计分为空间规划、装修设计、陈设设计、室内绿化、材料的选择、技术设计六个部分。这六个部分有各自的特点和设计要求，但又不是分开的六个独立部分，而是一个结合在一起的整体设计，要将这六个方面综合起来进行考虑。

一、空间规划

根据使用功能的需要进行空间的水平和垂直方向上的规划，划分每个功能空间，创造有特色的室内空间，充满个性色彩和浓郁的风格特征，营造出居住环境的氛围。

空间的规划是空间得以建立的基础，而这个规划的首要工作是区分空间，对于设计师而言，常以图形的方式将空间在平面上的合理布局绘制成平面图和剖面图（图10-27～图10-31）。一个完美、正确、充实的平面和剖面布局，是实现一个住宅室内环境整体效果的根本所在，平面在形式与功能上的作用在一定程度上决定了整体环境的布局形式和功能分布，因此平面和剖面是基础。

平面图和剖面图是室内设计师为其设计对象的立体空间结构所作的一个图示，是一个基本的整体布局。它是设计准则的反映，即整体的布局与规划先于其他一切，先于造形、先于结构、先于装修、先于细节。这是一个纯粹抽象的设计创作过程，"是理性与浪漫的结合"，在这个基础之上，住宅建筑的室内设计才能有的放矢、按部就班，有原则、有章法地得以实现。

二、装修设计

住宅建筑室内空间中的实体构件主要包括墙面、地面、天花、门窗、隔断以及楼梯、梁柱、护栏等内容。根据功能与形式原则，以及原有空间的结构构造方式，对它们进行具体设计，从空间的宏观角度来确定这些实体的形式，包括界面的形状、尺度、色彩、虚实、材质、肌理等因素，用于满足私密性、审美、风格、文脉等生理和心理方面的需求。此外，装修设计还包括各构件的技术构造以及与水、暖、电、空调、网络、天然气等设备管线的交接和协调等问题。

住宅建筑室内空间界面的装修设计要遵循下面的规则。

天花，以简洁为主。墙面对整个室内的风格、样式，以及色调起着决定性的作用，

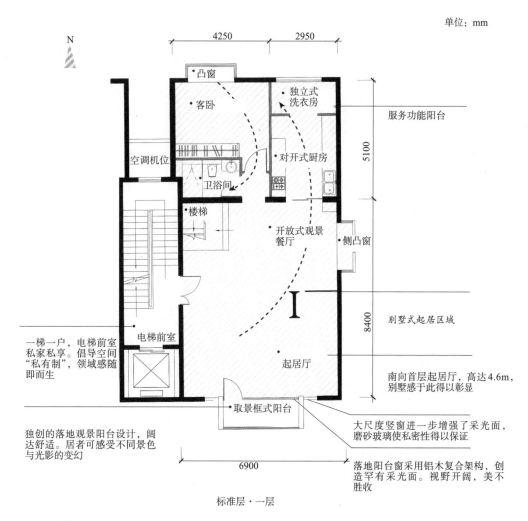

单位：mm

标准层·一层

图10-27　一层平面图

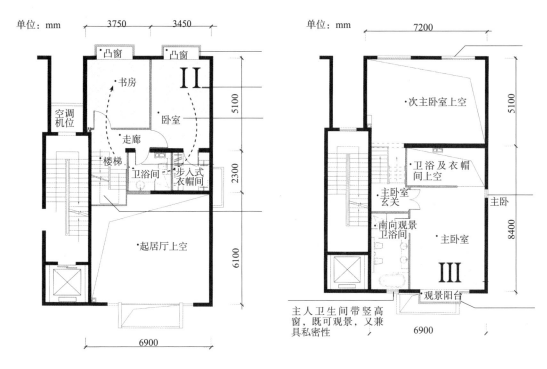

图10-28　二层平面图

图10-29　改变前的三层平面图

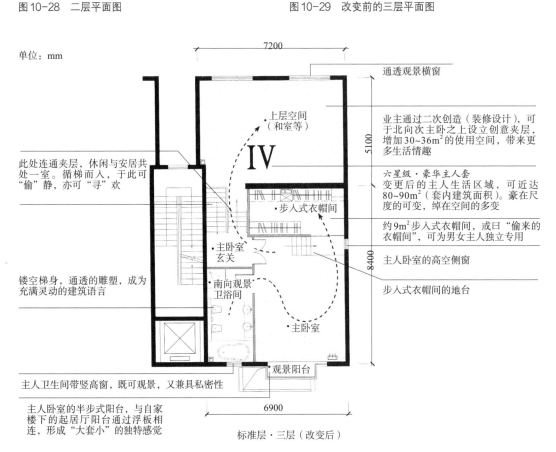

图10-30　改变后的三层平面图

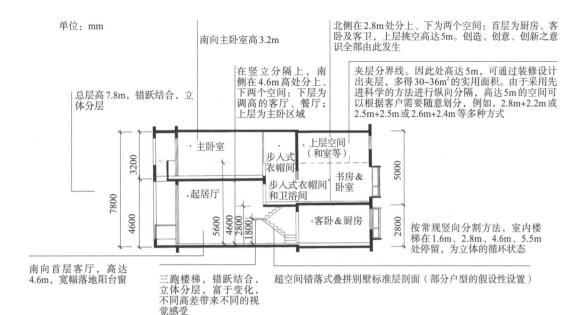

单位：mm

南向主卧室高3.2m

在竖立分隔上，南侧在4.6m高处分上、下两个空间：下层为调高的客厅、餐厅；上层为主卧区域

北侧在2.8m处分上、下为两个空间：首层为厨房、客卧及客卫，上层挑空高达5m。创造、创意、创新之意识全部由此发生

夹层分界线。因此处高达5m，可通过装修设计出夹层，得30~36m²的实用面积。由于采用先进科学的方法进行纵向分隔，高达5m的空间可以根据客户需要随意划分，例如，2.8m+2.2m或2.5m+2.5m或2.6m+2.4m等多种方式

总层高7.8m，错跃结合，立体分层

主卧室　起居厅　步入式衣帽间　步入式衣帽间和卫浴间　上层空间（和室等）　书房&卧室　客卧&厨房

按常规竖向分割方法，室内楼梯在1.6m、2.8m、4.6m、5.5m处停留，为立体的循环状态

南向首层客厅，高达4.6m，宽幅落地阳台窗

三跑楼梯，错跃结合，立体分层，富于变化，不同高差带来不同的视觉感受

超空间错落式叠拼别墅标准层剖面（部分户型的假设性设置）

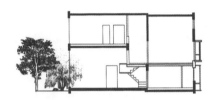
叠拼别墅首层剖面（带私家花园）

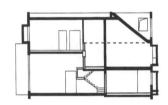
叠拼别墅顶层剖面（坡屋顶带天窗·星空房）

图10-31　剖面图

可以充分体现主人的兴趣和爱好。设计时要从整体出发，综合考虑各种因素，墙面起到背景和衬托的作用，装修不宜过多、过滥，应以简洁为好。一般情况下，色彩应明亮、淡雅（图10-32），有特殊要求时，色彩可以亮丽、丰富多变，但仍要注意整体氛围的创造。主墙面做重点装饰，以集中视线。

三、陈设设计

室内设计由空间环境、装修构造、装饰陈设三大部分构成。

装修与陈设之间既有区别又有联系，装

图10-32　起居室

修具有一定的技术性和普遍性，陈设则表达在文化性和个性方面。试图单独以装修的手段来表现和满足各种用户的要求，代价是昂贵的，而且是不可能的，而通过陈设的手段更容易获得，因此陈设具有不可替代的重要作用（图10-33）。

住宅建筑室内陈设艺术设计需要注意以下几点：一是陈设艺术品的风格多样，但需要跟装修设计统一协调，主要有欧式、中式、日式、古典、现代等风格。二是陈设艺术品的种类丰富多样，主要为实用型（艺术灯具、家具、织物）和美化型（字画、陶瓷、玩具）两类，根据需要进行选择，宜精不宜多。三是陈设艺术品的摆放位置要推敲，关注需要重点点缀的部位。

四、室内绿化

绿化的功能分为三种：装饰性和观赏性、心理安愈功能、调整景观功能。

适合室内装饰植物的种类有四种：赏花（如菊花）、赏叶（如君子兰）、赏果（如橘子树）、散香（如玫瑰），有的兼而有之，有时还选用插花（图10-34）。

室内绿化需要注意两方面的问题：一是什么样的植物适合室内的布置；二是根据居室面积和陈设空间的大小进行选择。

五、材料的选择

材料的选择要根据住宅的空间特点、环境条件、装饰性以及经济性四个方面来考虑。一是材料选择要考虑地域性、部位性、使用环境；二是在经济条件允许的条件下要选择质量等级较高的材料；三是要装饰材料本身的装饰效果，材料的材质本身就具有一定的装饰功能，因此在材料的选择和搭配上要讲究（图10-35）；四是材料的选择需要关注经济性，对材料的价格、市场供应情况、批量、后续维护等方面的问题予以考虑。

六、技术设计

住宅建筑室内的技术设计涵盖以下五个方面：

（1）强电设计。强电设计有基础照明、

图10-33　起居室的陈设艺术设计

图10-34　卧室中的鲜切花陈设

装饰照明、插座的布置等。

（2）弱电设计。弱电设计包括宽带网络系统设计、电视系统设计等。

（3）空调设计。空调设计包括空调的选择、机器摆放的位置和相应的电路设计，可供选择的空调有壁挂空调、落地空调、中央空调。

（4）取暖设计。住宅供暖分为集中供暖、自供暖，取暖方式有暖气片、地暖、空调，供暖方式有电暖、水暖、燃气供暖。

（5）安全设计。安全设计也是在设计容易被忽视的地方，主要有应急系统、对讲

系统、监控系统等，根据用户的需要进行设计。

图10-35　材料本身具有一定的装饰性

第五节

住宅建筑室内设计的定位

在进行住宅室内设计之前，首先要针对设计目标进行适当的定位。如果面对的是一项现实的设计任务，则要先了解客户的要求、意图，明确设计目标。如果只是作为一项训练课程，也应预设一个设计目标（设定一个家庭——家庭主要成员、职业、年龄、爱好、经济收入、住宅的地理位置、建筑结构、户型、建筑面积、朝向、层高等），根据这个目标确定工作任务，提出解决问题的方案。这种模拟的、有针对性的设计训练，不仅可以避免设计的盲目性，也可以使设计者了解、掌握解决具体问题的程序和方法，提高设计能力。

一、设计定位的出发点

住宅与我们生活中的变化息息相关，我们在里面成长、结婚、生子、变老、相爱、争吵，所有的喜与悲、静与动的事情构成了我们的生活，为每个人的人生旅程提供了一个存储现实记忆的地方。基于这些物质与精神上的需求，住宅通常也是人们寄予理想和渴望富足生活的焦点所在。

人们在审美取向和形式选择上都有自己的偏爱，这从人们对地板、窗帘乃至家具的选择中得到充分的体现。家反映了我们看待自己的方式，更确切地说，它反映了我们希

望自己看起来是什么样子，就像我们穿的衣服一样，其中不仅包括功能上的定位，在感情上也是如此。住宅是由传统和反传统的愿望共同塑造的。时尚在服装和住宅中一样适用，尤其体现在技术和材料上。住宅就在构成现代生活的各个重大因素的焦点之上，其形式反映出我们对社会、家庭、爱情、金钱、记忆、阶级和性别等的态度。

住宅室内设计的根本目的，是为使用者提供适合其家庭生活的居住环境；设计的工作目标是解决生活中可能出现的实际问题，而不仅是提供某种装饰式样。仅从形式出发，通常会导致两种结果：一是形式与功能的矛盾，好看而不中用；二是形式上的雷同，这是许多家庭装修上的通病。家庭装修缺乏个性，会给人一种走错了门的感觉，坐在自己家里与坐在别人家里没什么两样。一个有职业素养的设计师，应该首先考虑如何解决好一个家庭生活中可能出现的矛盾，为家庭生活提供舒适、健康、便捷、幽雅的居住环境是设计定位的关键。只有从具体的设计目标出发，在分析具体问题的基础上，才能得出具有个性的方案。许多限制性的因素往往会成为产生创造力的出发点。

一些缺少装修常识的家庭，往往只从形式上考虑室内装修问题，不管这种形式对自己的家庭是否适用，也不考虑自己的家庭生活会给邻里带来什么样的影响，尤其是在室内的色彩、材料、照明、设施、设备和家具的尺度及安全性等方面，没有给予足够的重视。合理的、经过认真推敲的设计，在正确地处理室内功能的前提下，不仅可以创造出美的形式，而且不一定花很多钱就能达到理想的效果，这就是设计师的智慧产生的双重效果。

二、设计定位的操作程序

不同的设计定位会导致不同的设计结果，一栋别墅与一套普通住宅的室内设计，在设计目标、装修标准、解决问题的出发点和途径等方面，会有很大的差别。一个有效的方法是在预设了设计目标之后（无论是真实的或虚拟的），先进行社会调查。克里斯多夫·亚历山大的"模式语言"为我们解决这个问题提供了极有参考价值的方法。他的这个模式语言主要是针对建筑和城市规划展开的，但对于室内设计的定位问题也有一定的适用性。

所谓"模式语言"是指人的行为模式与建筑模式之间的对应关系，他在《形式合成纲要》序言中解释说："图式或模式的思想很简单，它是自然关系的抽象模式，用于分析相互作用和相互矛盾着的力组成的小系统，它与所有其他的力无关，并且与所有其他的可能图式无关，很可能不断有这样一种抽象关系产生，并且通过融合这些关系产生出整体的设计。""模式语言"是用来描写与人的行为相一致的场所形态，它并不给出具体的答案，而只是指出一种结构关系。模式语言的建立和应用有赖于对人的行为和场所的调查研究，有赖于公众的参与，因为城市的活力来自人们丰富、生动的生存方式，世界的丰富性也存在于每一个体的差异和每一文化群体的差异之中，它们以不同的模式表现出来，构成了复杂的、丰富的人类社会。

住宅室内设计、装修，无论是从投入的时间、精力，还是从耗费的财力来说，都称得上是家庭生活中的一件大事。对于一个设计者来说，虽然住宅室内设计项目的规模比较小，但是涉及的问题仍然具有一定程度的复杂性。它不仅要满足客户提出的各种具体的功能需求，还要满足形式上的美学需求；不仅要考虑各种材料、设备及其配件的质量、规格、性能，还要考虑市场价格和客户的实际购买力以及客户的生活习惯、职业、家庭人口状况等问题。设计定位就是要从这些生活的实际内容出发，确定恰当的设计目标，这是指导设计工作顺利开展的关键。按照亚历山大提出的设计模式，设计定位操作程序可按以下步骤进行：

（1）选择或预设设计目标。根据客户提出的要求和财力，确定设计风格和装修标准，明确现场加工和委托加工的项目。

（2）进行社会调研。详细了解客户的生活习惯、职业、家庭人口状况、爱好，了解建筑结构和现场的施工条件、市场材料行情等。

（3）对收集到的信息进行分类整理。

（4）提出明确的工作目标和工作计划。

思考与练习

1. 如何确定住宅室内设计的工作目标？

2. 针对一个老少三代（四口人）的知识分子家庭，设计一个经济、适用住宅平面方案，并画出起居室的透视效果图。

3. 怎样理解设计定位问题的目的和意义？

参考文献

[1] 彭一刚. 建筑空间组合论[M]. 北京：中国建筑工业出版社，1983.

[2] 查尔斯·詹克斯. 后现代建筑语言[M]. 李大夏，译. 北京：中国建筑工业出版社，1986.

[3] 吴良镛. 广义建筑学[M]. 北京：清华大学出版社，1989.

[4] 张绮曼，郑曙旸. 室内设计资料集[M]. 北京：中国建筑工业出版社，1991.

[5] 李砚祖. 工艺美术概论[M]. 长春：吉林美术出版社，1991.

[6] 杨·盖尔. 交往与空间[M]. 何人可，译. 北京：中国建筑工业出版社，1992.

[7] 张绮曼，郑曙旸. 室内设计经典集[M]. 北京：中国建筑工业出版社，1994.

[8] 张绮曼. 环境艺术设计与理论[M]. 北京：中国建筑工业出版社，1996.

[9] 刘先觉. 现代建筑理论——建筑结合人文科学自然科学与技术科学的新成就[M]. 北京：中国建筑工业出版社，1999.

[10] 李道增. 环境行为学概论[M]. 北京：清华大学出版社，1999.

[11] 朱迪斯·米勒. 装饰色彩[M]. 李瑞君，译. 北京：中国青年出版社，2002.

[12] 勒·柯布西埃. 走向新建筑[M]. 陈志华，译. 西安：陕西师范大学出版社，2004.

[13] 陈志华. 外国建筑史[M]. 3版. 北京：中国建筑工业出版社，2004.

[14] 罗小未. 外国近现代建筑史[M]. 2版. 北京：中国建筑工业出版社，2004.

[15] 孙大章. 中国民居研究[M]. 北京：中国建筑工业出版社，2004.

[16] 李砚祖，李瑞君，梁冰，等. 环境艺术设计[M]. 北京：中国人民大学出版社，2005.

[17] 李允鉌. 华夏意匠[M]. 天津：天津大学出版社，2005.

[18] 张绮曼. 室内设计的风格样式与流派[M]. 2版. 北京：中国建筑工业出版社，2006.

[19] 李瑞君. 环境艺术设计概论[M]. 北京：中国电力出版社，2008.

[20] 约翰·派尔，刘先觉. 世界室内设计史（原著第二版）[M]. 陈宇琳，译. 北京：中国建筑工业出版社，2007.

[21] 李瑞君. 室内设计+室内设计史[M]. 北京：中国建筑工业出版社，2019.

[22] 中国社会科学院语言研究所词典编辑室. 现代汉语词典[M]. 北京：商务印书馆，1996.

[23] 杨宝晟. 中国土木建筑百科辞典[M]. 北京：中国建筑工业出版社，1999.

[24] Miranda Steel. Oxford wordpower dictionary[M]. Oxford：Oxford University Press，1996.

[25] 张明宇. 环境艺术的缘起及创作特征 [J]. 建筑师，1994（8）：39.

[26] 建筑大辞典编辑委员会. 建筑大词典 [M]. 北京：北京地震出版社，1992.

[27] 埃罗·沙里宁. 功能结构与美. 建筑师（第七期）. 转引自：彭一刚. 建筑空间组合论. 北京：中国建筑工业出版社，1983.

[28] 鲁道夫·阿恩海姆. 艺术与视知觉 [M]. 腾守尧，朱疆源，译. 北京：中国社会科学出版社，1987.

[29] 陈从周. 说园 [M]. 济南：山东画报出版社，2002.

后记

　　本书是在《室内设计基础》第2版的基础上修订而成的。在第2版修订的过程中，中国纺织出版社有限公司的余莉花女士在内容的编排和文字的加工方面做了大量细致的工作，为此次修订打下了良好的基础。经过跨越十多年的两次比较大的系统性修订，与第1版相比较，现在展现出来的内容基本上是一本全新的教材。从某种程度上说，应该算是重新编写。在本次修订编写的过程，余莉花女士一如既往地给予了大力的配合和支持。

　　本书针对的是室内设计专业入门者编写的，具有很强的针对性和实践操作性，适合室内设计专业入门所能涉及的所有课程，其内容既适合面向艺术设计领域不同的专业方向开设的共同课程，也适合作为环境设计专业学生的专业基础入门课程。前者的目的在于拓宽非环境设计专业学生的专业面，培养他们的兴趣和潜能，增强他们对未来社会就业的适应能力；后者的目的则为环境设计专业的学生打下坚实的室内设计专业基础，为后续的专业课程学习做好必要的铺垫和准备。

　　本书主要包括以下几个方面的内容：

　　（1）从基本知识的角度，论述了室内设计的概念、内容、特点和设计的理念，为了解室内设计专业提供了窗口。

　　（2）从形式与样式的角度，阐释了从20世纪初以来室内设计的风格与流派，为设计实践中的形式设计提供了参考与选择。

　　（3）从设计内容的角度分析了室内空间的类型、室内光环境设计、室内色彩环境设计、陈设艺术设计、室内装饰材料、室内物理环境等方面的知识，构建了室内设计的知识结构。

　　（4）从实践操作的角度，分析了室内设计的工作范围、工作目标和设计程序，对室内设计的思维特点、方法、表现手段以及住宅建筑的室内设计等方面做了较为系统的论述，为课程设计做好了专业准备。

　　经过深度系统的修订后，本书的内容更为全面，体系更为完整，更加适合室内设计专业基础课程使用。通过对本书的学习，不仅可以了解室内设计的专业知识，还能够尝试对低难度的项目进行设计操作。

李瑞君

2022年8月22日于水星园